Documents manquants (pages, cahiers...)

NF Z 43-120-13

S. JOUGLARD

L'UNIVERS

ET

SA CAUSE

D'APRÈS LA SCIENCE ACTUELLE

PARIS
SOCIÉTÉ D'ÉDITIONS SCIENTIFIQUES
PLACE DE L'ÉCOLE DE MÉDECINE
4, RUE ANTOINE DUBOIS, 4.

1891

L'UNIVERS

ET

SA CAUSE

D'APRÈS LA SCIENCE ACTUELLE

GAP. — IMPRIMERIE JOUGLARD PÈRE ET FILS.

PRÉFACE

IN MEDIAS RES.

Les dogmes s'en vont. Qu'on s'en félicite ou qu'on le déplore, c'est un fait : le méconnaître ne serait pas l'effacer.

Mais l'homme, qui se refuse de plus en plus à croire, veut maintenant savoir et, positives ou négatives, il demande à la science des convictions pour remplacer ses croyances.

La science est-elle en état de répondre ? Confirme-t-elle quelqu'un des systèmes religieux ou philosophiques proclamés ou proposés jusqu'ici ? Les englobe-t-elle au contraire dans la même condamnation, pour leur substituer d'autres enseignements ? Peut-on clore aujourd'hui, grâce à ses conquêtes sur l'inconnu, le débat qui agite l'humanité depuis sa naissance, en obtenir enfin une certitude, ou bien le doute est-il son dernier mot ? Sur tous ces points, nous convions le lecteur à l'interroger avec nous.

C'est dire que nous nous adresserons à elle seule. Sans prétendre faire œuvre de savant, —

car c'est une œuvre où notre compétence serait à bon droit récusée, — nous nous proposons de prendre les faits reconnus, les résultats incontestés, acceptés de tous, de les confronter, de chercher en eux-mêmes leur raison d'être, en les interprétant les uns par les autres, suivant les règles d'une saine critique et d'une logique inflexible. Et nous entreprenons cette sorte d'inventaire, bien résolu d'une part à écarter toute préoccupation d'ordre différent, toute suggestion de la foi ou de l'incrédulité, et de l'autre à nous laisser conduire sans résistance à la solution cherchée et à l'accepter, quelle qu'elle soit.

Dans ces limites et sous ces conditions, peut-être n'est-il pas téméraire d'espérer atteindre le but que visent aujourd'hui tous les esprits indépendants, à savoir une philosophie de la science, dégagée par le sens commun.

TABLE DES MATIÈRES

L'UNIVERS ET SA CAUSE

D'APRÈS LA SCIENCE ACTUELLE

CHAPITRE PREMIER.

Préliminaires.

On a reproché au célèbre aphorisme cartésien « je doute, c'est-à-dire je pense, donc je suis » d'être une pétition de principe; et peut-être n'est-ce pas sans raison, car qui doute systématiquement de tout peut douter de son doute même.

Sans prendre autrement parti dans la querelle, nous nous bornerons à dire : si l'existence du sujet pensant ne se déduit point d'un syllogisme rigoureux, elle s'impose alors comme une vérité évidente par elle-même, comme un axiome, et quiconque ne l'admet pas doit renoncer à toute recherche philosophique et même à toute autre étude, la première base de la connaissance lui faisant défaut.

Cette aperception du sujet pensant par lui-même est en effet la première et la plus sûre, si l'on peut ainsi parler, des certitudes que donne l'expérience. Maine de Biran l'a fort justement constaté : l'homme se connaît directement lui-même et ne connaît les autres objets que par la résistance qu'ils lui opposent. Ou je suis, ou je ne puis affirmer que quelque chose soit.

Mon premier pas dans la découverte de la vérité est donc cette double et indivisible affirmation, dont les deux termes sont simultanés et ne peuvent être sériés : je suis et je pense, je pense et je suis. L'homme est un être pensant : voilà notre unique postulat, le seul point que, dans le cours de cette étude, nous demanderons au lecteur de nous concéder sans autre démonstration que l'évidence.

Je pense ; qu'est-ce que ma pensée ?

Quand ce que j'appelle une pensée naît en moi, qu'est-ce que j'éprouve, de quoi en d'autres termes ai-je conscience, sinon d'un état de moi-même, sujet pensant, succédant à un état antérieur ? C'est en dernière analyse, et sous la même garantie de l'évidence, tout ce que je peux dire de ce phénomène. La pensée, ou mieux une pensée, est donc un état du sujet pensant perçu par ce sujet même, ou, suivant la définition de l'école anglaise, un état de conscience.

La forme de la pensée est l'idée.

Considérée en elle-même, l'idée est encore

l'image, la représentation, immédiate ou médiate, au sein du moi, d'une impression, proche ou lointaine, subie par ce moi, en d'autres termes d'une perception, d'une sensation.

Le sujet pensant, par cela seul qu'il existe, a nécessairement une ou plusieurs manières d'être. Examinant le mode de sa propre existence, ses états, il s'aperçoit que ceux-ci sont de deux sortes : les uns, ou plutôt un état unique, dont il trouve toute la cause en lui-même, dont il est la seule raison ; les autres, dont son être seul ne suffit pas à lui rendre compte, où il reconnaît par conséquent des éléments étrangers à lui, combinés avec son élément propre. Ainsi, partant de lui-même, arrive-t-il avec une entière certitude à la connaissance des existences extérieures, du non-moi. Mais, d'un autre côté, toutes les *formes* de son entendement, à part une seule, la conscience de son être, lui viennent du dehors.

Oui, toutes les pensées, même les plus abstraites, toutes les idées, ramenées à leur élément premier, ont pour point de départ une sensation ; l'analyse attentive de toute conception le démontre, et il en est une autre preuve, l'absence d'idées abstraites, d'idées générales et d'idées absolues chez l'enfant et chez le sauvage tout-à-fait primitif.

Nous ne croyons donc pas aux idées innées. D'ailleurs, cette opinion ne fût-elle pas la nôtre, que nous concéderions néanmoins ce point, en vue de l'autorité, sur certains esprits, de nos discussions ultérieures. En présence des conclusions, à notre sens abusives, de quelques adeptes de la méthode expérimentale, pourtant si sûre, nous avons pris la résolution de nous maintenir sur leur terrain et d'accepter leurs bases de discussion, à moins que l'évidence des faits ne nous l'interdise.

Mais la sensation, origine de l'idée, n'est pas l'idée ; elle n'en est même pas la cause tout entière. Cherchons, comme nous le ferons toujours, l'explication du phénonomène dans son observation attentive, et tout de suite nous reconnaîtrons dans la naissance de l'idée deux éléments : la sensation, qui apporte l'impression et joue le rôle de *stimulus*, et l'intelligence, miroir où l'impression se reflète. A dire vrai, la comparaison est inexacte, le rôle de l'entendement n'étant point purement passif. Il ne se borne pas à recevoir l'excitation sensorielle : il la saisit, la fixe, et son activité propre contribue ainsi à la formation de l'idée. Celle-ci est donc la sensation mise en œuvre par l'intelligence.

Nous ne retrouvons pas dans tous les actes de cogitation une sensation actuelle : beaucoup sont amenés par des associations d'idées, par le rapport de l'idée actuelle avec une autre précédemment acquise, de celle-ci avec une troisième, et ainsi de suite. Il faut aller plus loin et reconnaître le rôle considérable de l'éducation, principalement dans la formation des idées abstraites, telles que celles du beau, du vrai, du bien, etc. — Bien minime est en somme l'obole apportée au trésor commun par les esprits les plus puissants ou les plus déliés, et quand on parlera de la formation de la pensée humaine à l'aide des matériaux fournis par l'expérience, on devra considérer, non point l'intelligence de chaque individu, mais le progrès incessant de l'espèce à travers les siècles.

En un mot, il n'y a point d'idées innées, tirées sans mélange par l'esprit humain de son propre fond, mais uniquement des idées adventices, qu'elles soient élaborées par chacun de nous ou qu'elles nous soient inculquées par nos éducateurs ; et, dans les deux cas, la forme et même la nature de ces idées dépendent pour beaucoup des prédispositions intellectuelles à nous transmises par nos ancêtres ; enfin, à l'origine, récente ou ancienne, des unes comme des autres se placent des perceptions sensibles.

Après avoir admis l'aphorisme de l'école du Portique « *Nihil est in intellectu quin priùs fuerit in sensu* », sous réserve de la restriction de Leibniz « *nisi ipse intellectus* », nous avons reconnu que l'intelligence humaine n'est pas une simple succession d'états de conscience ; le rôle de l'être qui perçoit ces états divers, avons-nous dit, le rôle du sujet pensant, quelles que soient la nature et la substance de celui-ci, n'est pas seulement de les subir ; il les retient et les conserve. Est-ce tout ? Non certes. Nous relions nos perceptions les unes aux autres ; nous rappelons nos idées anciennes et les rapprochons des nouvelles pour en constater les ressemblances ou les différences ; nous détachons par la pensée certaines qualités des objets perçus et nous pouvons considérer ces qualités en elles-mêmes, sans aucun rapport avec l'objet par qui elles sont venues à notre connaissance, ou avec un objet quelconque ; nous étendons à plusieurs individus des idées conçues d'abord comme relatives à un seul, etc.

Or, nous aurions beau accumuler les perceptions sensorielles, si nous en étions uniquement le substrat passif, si même nous étions seulement capables de les fixer dans notre mémoire, rien de tout cela ne serait possible. L'association des idées, la comparaison et le jugement, l'abstraction, la généralisation, etc., supposent donc nécessairement une faculté élaboratrice ; et de son travail — chacun de nous peut encore le remarquer en s'étudiant lui-même — naissent des conceptions, des idées qui, si elles reconnaissent toujours la sensation comme cause lointaine, n'en sont pas la conséquence immédiate.

Cette faculté, c'est la raison. Son rôle est essentiellement de constater les faits et de les interpréter. Elle nous apparaît comme l'instrument de la connaissance.

En existe-t-il un autre ? A côté de la raison, faut-il par exemple admettre la révélation ?

Résolu que nous sommes à ne ne nous réclamer ici d'aucune croyance religieuse, mais à les respecter toutes, nous nous abstiendrons de nier ou d'affirmer. Un mot seulement pour calmer certaines inquiétudes.

Toutes les religions professent que nous ne sommes rien que par Dieu. De lui nous viennent toutes nos facultés, et par conséquent la faculté-mère, qui les embrasse et les résume. Or, en nous plaçant au point de vue qui nous occupe, Dieu ne peut nous avoir condamnés à l'erreur, ce qui serait contradictoire avec sa justice, anéantirait sa perfection et impliquerait dès lors sa non-existence. Si Dieu est, la raison nous vient de lui et nous devons la suivre, car, si l'instrument qu'il a mis à notre service est nécessairement incomplet comme tout ce qui appartient au fini, cet instrument ne peut être faux [1].

Ne pas suivre la raison (bien entendu dans la limite de ce qu'elle peut atteindre), refuser d'admettre ce qu'elle nous démontre vrai, croire ce qu'elle nous dit être faux, c'est donc offenser Dieu.

De même, en cas de conflit entre la raison et ce que nous prenons pour une révélation, c'est la raison qu'il faut suivre : car, répétons-le, nous sommes certains qu'une raison saine nous vient de Dieu, et nous ne sommes pas sûrs que ce que nous croyons être *une* révélation nous vienne pareillement de lui, soit *la* révélation et non une chimère de notre esprit.

Au surplus, les croyants peuvent abriter leurs scrupules derrière l'une des plus hautes autorités du christianisme. Saint Thomas d'Aquin ne professe-t-il point que même l'existence de Dieu n'est pas un article de foi et qu'elle est du domaine de la raison [2] ? Ailleurs, l'Ange de l'Ecole se borne à réser-

[1] Nous ne disons pas qu'il ne puisse être *faussé* par les influences congénitales (infirmités mentales, préjugés ataviques) ou adventices (maladies mentales, préjugés d'éducation). Toutefois, chez l'homme sain d'esprit, l'instrument faussé peut-être redressé ; c'est le but d'une branche importante de la philosophie, à savoir la logique.

[2] *Summa théol.*, 1re partie, quest. II, art. III,

ver les mystères, tels que la Trinité, etc.[1]; mais la philosophie n'a jamais eu la prétention de les scruter et les déclare hors de son atteinte.

Au point de vue purement scientifique, il est superflu d'insister sur l'autorité de la raison.

On a essayé toutefois de révoquer en doute sa sûreté. On le peut évidemment, si on se cantonne dans le scepticisme absolu et si on professe que ce que nous appelons évidence est illusoire, que l'observation ne peut nous fournir aucune donnée certaine, si on affirme en un mot l'impossibilité de toute connaissance. Notre réponse ne sera pas pour ces modernes pyrrhoniens.

Mais, pour tout esprit qui n'a pas renoncé définitivement à l'espoir de connaître, il est *certain* que du contact du sujet pensant avec les phénomènes naissent des idées élémentaires, invariables, toujours vérifiées par l'expérience, adéquates par conséquent à toutes les manifestations de l'être[2] et nécessairement dès lors à l'être lui-même, qui ne peut se manifester que tel qu'il est : ce sont les

1 *Summa contrà Gentiles*, liv. I, chap. III.

2 Nous prenons ici ce mot dans son sens le plus étendu : *ce qui est*, quoi que cela soit.

axiomes, fort justement appelés encore vérités éternelles.

Les axiomes, résultats certains de l'expérience, sont les seules bases légitimes du raisonnement ; mais ces bases sont d'une indéniable solidité. Tout raisonnement dont les premières assises sont des axiomes, ou des propositions précédemment déduites d'axiomes, conduit donc à la vérité.

« Si les lois de la pensée ou de la logique possèdent une certaine fixité, cela vient de ce que ces lois.... sont des lois de nature, développées dans le cours de l'évolution naturelle et déterminées par la loi immuable qui régit l'univers. La raison humaine n'est qu'un miroir qui réfléchit le Tout : logique et mécanique, c'est tout un [1] ».

Sous réserve de l'examen ultérieur du système philosophique de l'auteur de ces lignes, la remarque est juste. Elle fait même une restriction illégitime : les lois de la logique ne présentent pas « une certaine fixité » ; étant une face des lois naturelles, elles sont comme celles-ci absolument fixes. Le tout est de les découvrir et de les suivre.

La raison a donc deux procédés consécutifs : l'observation, ou expérience, et le raisonnement.

[1] L. Büchner, *Force et Matière*, traduction de M. A. Regnard, édition française de 1881, p. 393.

L'observation étudie les phénomènes. Sans une observation bien faite, pas de raisonnement juste. Tout raisonnement dont le point de départ n'est pas un fait d'observation, ou une proposition née d'observations antérieures, doit donc être rejeté sans autre examen par la philosophie positive (nous ne disons pas *positiviste*), comme il l'est par les autres sciences.

N'oublions pas toutefois que les phénomènes se divisent en deux grandes catégories, qu'il y a le phénomène physique et le phénomène mental, tous deux également *naturels* (et c'est pourquoi la qualification de *physique* a été réservée à tort au premier de ces deux ordres ; nous devons cependant la lui maintenir pour être compris de tous). Tous ces phénomènes sont des *faits* ; à ce titre ils ont droit à la même attention de la part de l'observateur et, les conditions d'une observation exacte étant remplies, les uns et les autres peuvent légitimement se traduire en axiomes et servir de base à des arguments également concluants. Le tout est plus grand que la partie ; deux choses égales à une même troisième sont égales entre elles ; nous sommes des êtres pensants ; l'homme est contingent, c'est-à-dire n'est pas sa propre cause : toutes ces propositions sont des axiomes au même titre, car toutes ressortent avec la même évidence et la même fixité de l'observation directe, soit du monde externe, soit du monde intérieur.

Pour le dire en passant, si les trois écoles qui, sous des formes diverses, se disputent depuis des siècles l'empire philosophique, si le matérialisme, le panthéisme et le spiritualisme ont produit à l'appui de leurs théories tant d'argumentations jugées chancelantes, c'est que tous trois ont parfois négligé l'un ou l'autre côté des manifestations de l'être, ou du moins l'ont observé avec des yeux troublés par l'esprit de système.

Le raisonnement, appliqué aux faits observés et s'appuyant sur eux, va du connu à l'inconnu, qu'il dégage et met en lumière. C'est, lorsqu'il procède conformément aux règles de la logique, un moyen de connaissance aussi sûr que l'expérience, plus sûr même à certains égards : car il est souvent très difficile de reconnaître si une observation est bien faite et toujours possible à un esprit droit de discerner si un raisonnement est logique ou ne l'est pas.

Bacon a dit : « Toutes les démonstrations empruntées à la logique pure sont sans valeur, la nature, en raison de sa subtilité et de sa délicatesse, s'élevant beaucoup au-dessus de toutes les preuves tirées du raisonnement ».

Cela est vrai en ce qui touche la « logique

pure », à savoir les raisonnements dont les prémisses sont arbitraires, — telle une conception *à priori* de l'univers, — mais cesse de l'être quand il s'agit de ceux dont les premières bases, disons-le encore une fois, sont des faits d'expérience, puisqu'il sont alors fondés sur la « nature » même. Celle-ci ne peut échapper à ses propres lois, et ce sont, nous l'avons vu, les mêmes que celles de l'esprit humain.

Toutes les sciences, même celles qui semblent se réclamer du raisonnement pur, comme les sciences dites exactes, ont l'expérience pour point de départ, et c'est d'où leur vient leur inébranlable autorité : c'est pourquoi il ne saurait y avoir d'opinions en mathématiques ; en tant du moins qu'il s'agit de conclusions pouvant être vérifiées, c'est-à-dire en définitive ramenées à l'expérience où elles ont comme leurs racines, à savoir les axiomes. La controverse surgit où la science approche de ses limites et commence à se confondre avec la métaphysique, comme en ce qui concerne le rôle de la notion de l'infini en mathématiques.

Ainsi, c'est l'expérience qui nous a appris qu'une unité et une unité forment le nombre auquel nous avons donné le nom de deux ; c'est encore elle qui nous enseigne que la moindre distance d'un point à un autre est la ligne droite ; et autres axiomes d'où découlent toutes les démonstrations géométriques.

Il y a deux modes de raisonnement : l'induction, qui s'élève du particulier au général ; la déduction, qui descend du général au particulier. Toutes deux sont également légitimes : l'induction, en ce qu'elle est la synthèse des faits d'expérience ; la déduction, en ce qu'elle est fondée sur le « principe de contradiction », en vertu duquel une même chose ne peut à la fois être et n'être pas.

Nous ne nous étendrons pas davantage sur ce sujet, n'ayant pas l'intention de faire ici un cours de logique, mais seulement de poser au seuil de cette étude les principes incontestables — et d'ailleurs généralement incontestés — qui doivent nous guider dans la recherche entreprise.

Si la raison est un sûr moyen de connaissance, s'ensuit-il que son pouvoir soit sans limites ?

Tant s'en faut, hélas ! et si son champ est immense, puisqu'il embrasse tous les phénomènes, externes ou internes, bien plus vaste est celui où il ne peut pénétrer, car celui-là se nomme l'absolu, c'est-à-dire l'infini. Consolons-nous toutefois, en pensant que la science aborde à peine son domaine et que de longtemps, sinon jamais, elle n'en atteindra les bornes.

Telle est donc la limite précise, nettement

déterminée, que l'esprit humain ne saurait franchir. L'essayer serait enfreindre la loi de sa nature : êtres relatifs, le relatif seul est notre domaine. Toutes les manifestations de l'être nous appartiennent, son essence, à savoir les choses en soi, nous échappera toujours, en tant du moins qu'il s'agirait de *comprendre* cette essence, de pénétrer dans sa constitution intime, et même de la *concevoir*, ou soit-il de nous en faire une idée définie, une représentation quelconque. Nous ne saurons jamais *ce qu'est* l'être, ni même *ce que sont* ces manifestations de l'être sur lesquelles nous venons d'affirmer le droit de notre intelligence, c'est-à-dire les causes immédiates des phénomènes. Ainsi, les corps se meuvent, ils pèsent sur nous, ils nous chauffent, nous éclairent, etc ; — et toujours, nous nous demanderons : qu'est-ce que le mouvement, la pesanteur, la chaleur, la lumière ?

Mais, s'il nous est interdit de comprendre ou de concevoir l'absolu, la raison, peut-elle le *connaître*, le constater (c'est uniquement en ce sens que nous prenons ici le mot connaître), acquérir la certitude qu'il existe, — ou bien lui est-il également impossible de l'affirmer et de le nier, et ses derniers efforts doivent-ils aboutir à un doute irrémédiable ?

Les développements qui vont suivre ont pour but de répondre à cette question.

CHAPITRE II.

Force et Matière.

Tous les phénomènes, et partant le monde lui-même, sont, nous enseigne-t-on, le produit de deux facteurs, la force et la matière, c'est-à-dire de deux causes inconnues auxquelles on a donné ces noms.

Il est, pensons-nous, superflu d'insister sur le rôle de la force : tout le cosmos en est l'éclatante manifestation, sous les divers aspects de cet agent, mouvement, gravitation, son, chaleur, lumière, électricité, magnétisme, cohésion ou attraction moléculaire, affinité chimique, sans parler des autres formes que nous rencontrerons en avançant dans l'étude de la nature, et même de celles de nous ignorées.

Les corps — il est aisé de s'en rendre compte par une analyse sommaire — se révèlent à nous grâce aux seuls effets de la force ;

sans elle, ils nous demeureraient inconnus. Je prends une balle de métal : comment m'apparaît-elle ? Comme un corps pesant, dur, coloré, sonore, chaud ou froid. Son poids, c'est la force sous la forme gravitation ou pesanteur; sa résistance au toucher, à la pression de mes doigts, la force sous la forme cohésion; sa teinte, la force sous la forme couleur; le bruit qu'elle rend si on la frappe, la force sous la forme son; sa température enfin, la force sous la forme chaleur. Si je jette la balle loin de moi, une nouvelle force se révèle, le mouvement. Si je la mets, dans certaines conditions, en présence d'un autre corps avec lequel elle se combine, la force se montre encore sous le mode affinité chimique.

Mais la matière, où donc est-elle? M'apparaît-elle, à un moment quelconque, détachée, indépendante, sensible en dehors des effets que lui fait produire la force ? Non.

La matière se manifeste donc à nous uniquement comme support de l'énergie, comme son *substrat*. Elle ne se montre jamais que sous le voile des propriétés empruntées à l'agent par excellence des phénomènes. Si bien que cette question devient légitime : la matière est-elle, au fond, différente de cet agent, existe-t-elle comme *substance ?*

Cherchons la réponse à cette question fondamentale.

La chose appelée matière ne peut être conçue que comme divisible ou indivisible.

Elle n'est pas indivisible, les corps étant distincts les uns des autres et se mouvant d'une façon indépendante. Elle est donc divisible.

Cette divisibilité est elle limitée ? Y a-t-il des atomes ?

L'atomisme est une hypothèse scientifique, et rien de plus : tous les physiciens le déclarent. L'un des maîtres du matérialisme contemporain dit expressément : « Nous sommes forcé de reconnaître que le mot atome n'exprime qu'une idée artificielle[1] ».

Nous sommes donc fondé à discuter l'hypothèse ; discutons-la, en fait d'abord, puis en théorie.

En fait, « personne, dit le même auteur, n'a vu l'atome et personne ne le verra ».

Chaque nouveau perfectionnement du microscope recule la limite des infiniments petits, et des infiniments petits vivants, c'est-à-dire munis d'organes composés, suivant la théorie atomique, d'une quantité prodigieuse de molécules, dont chacune est elle-même formée d'un plus ou moins grand nombre d'atomes.

Au point où s'arrête le microscope intervient l'analyse spectrale, qui nous révèle des par-

[1] L. Büchner, *op. cit.*, p. 52.

celles de substance auprès desquelles les dernières particules microscopiques sont des immensités.

Un autre exemple nous est fourni par les solutions. Jetons dans un litre d'eau un milligramme d'une substance soluble ; chaque portion de liquide en recevra sa part et nous aurons un mélange partout homogène. Versons dans un second litre d'eau une partie infinitésimale de ce mélange, et la nouvelle solution se comportera de même. Ainsi de la dixième, de la centième, de la millième dilution, etc. A quel moment rencontrerons-nous l'atome ? A quel moment une fraction de matière, définitivement indivisible, sera-t-elle localisée en un point du liquide, les points voisins demeurant sans mélange ?

Enfin, s'il fallait admettre l'existence de l'éther, cette substance extrêmement diluée, qui d'après une autre hypothèse remplit tous les intervalles de la matière proprement dite, entre les atomes comme entre les corps célestes, ces éléments seraient encore infiniment plus ténus, puisqu'ils échappent, au dire de l'Ecole, à toute recherche directe et ne peuvent être atteints que par le raisonnement.

L'imagination se refuse à la poursuite de cet insaisissable fantôme de la matière, l'expérience à plus forte raison.

Théoriquement, il est impossible de concevoir une si petite quantité de matière qu'il ne puisse en exister une moindre.

La chose appelée matière est par suite divisible à l'infini ; car il n'y a pas de quatrième état possible en dehors de ces trois termes : indivisibilité, divisibilité limitée, divisibilité sans limites.

L'atome s'est donc évanoui.

On peut insister cependant, et dire : de ce que nos plus subtils moyens d'investigation ont été jusqu'ici et seront peut-être toujours impuissants à le découvrir, il ne s'ensuit pas que la conviction de son inexistence s'impose.

Examinons donc le problème sous une autre face, et peut-être arriverons-nous à des conclusions inattaquables, peut-être l'extrême probabilité se changera-t-elle en certitude.

Mis en présence par leurs pôles contraires, deux aimants s'attirent. Affrontés par leurs pôles semblables, ils se repoussent. Même constatation relativement aux deux électricités, positive et négative.

Imaginons l'expérience suivante, qu'il ne serait certes pas impossible d'organiser. Deux barreaux aimantés, opposés l'un à l'autre par leurs pôles de même nom, glissent dans la rainure d'un socle isolant. Il faudra, pour les amener en contact, un effort musculaire qui pourra, si les aimants sont assez puissants, excéder la force de l'homme le plus vigoureux.

Que par un artifice d'optique on arrive à colorer, différemment d'avec le milieu ambiant, la couche d'air interposée entre les barreaux, et un observateur non averti pourra parfaitement croire à la présence d'un corps résistant, d'une « matière » faisant obstacle à leur rapprochement, et cependant cette matière n'existera pas.

L'attraction ou la répulsion se manifestent donc en l'absence de tout contact ; le phénomène se produit à distance, *hors des corps*. En supposant ceux-ci « matériels », les forces, dans l'intervalle qui les sépare, agissent donc sans le secours de la matière.

Est-ce l'air qui leur servira de support ?

Mais le phénomène se produit dans le vide, de même au surplus que celui de la gravitation universelle[1].

Est-ce l'éther ?

La plupart des physiciens, obsédés par cette prétendue nécessité d'un *substratum* matériel, et tenus d'autre part d'expliquer le transport de l'énergie d'astre en astre ou d'un atome à l'autre, ont dû *remplir le vide* (cette association

[1] En ce qui concerne les courants électriques, on commence à revenir de l'opinion qu'il ne se propagent pas dans le vide (Edlung, *Annales de Wiedemann*, n° 4 de 1882). — Les expérience de Gassiot ont en tous cas démontré que le vide laissait passer les courants d'influence.

de mots n'en dit-elle pas bien long ?) avec une substance imaginaire, sorte de matière extrêmement diluée, quelque chose comme le périsprit des spirites, une matière immatérielle !

Mais c'est reculer la difficulté et non la résoudre.

Cette substance hypothétique est, elle aussi, indivisible ou divisible.

Dans le premier cas, comment les corps se meuvent-ils dans son sein ?

Dans le second, est-ce une troisième substance qui « remplit le vide » entre les atomes de l'éther, une quatrième entre les atomes de cette troisième, et ainsi de suite ?

D'ailleurs, il faut le reconnaître, cet agent universel de transmission manque bien souvent à son rôle. Pourquoi, par exemple, le son ne se propage-t-il pas dans le vide et le subtil éther demeure-t-il insensible aux vibrations qui influencent cependant l'air atmosphérique, bien plus « grossier » ? Pour quelle raison, baignant et traversant les corps les plus compacts comme les moins denses, transmet-il les ondes lumineuses à travers le verre et ne peut-il leur faire franchir la frêle barrière d'un rideau d'étoffe ? D'où vient que certains milieux se laissent traverser par les vibrations caloriques et que d'autres les retiennent, qu'il y a des corps diathermanes et d'autres athermanes ? Pourquoi toutes ces anomalies, si ce n'est parce que l'éther n'a rien à faire dans les phénomènes sonores, lumineux, caloriques, etc.; parce que les corps interposés sont constitués, non par de la « matière », mais par des forces qui, suivant leur nature ou leur distribution, arrêtent au passage et transforment la force-chaleur, la force-lumière, etc., ou les laissent librement circuler ?

Disons-le donc hardiment : le prétendu éther est une chimère[1].

Or l'impossibilité qui se dresse contre l'éther s'élève contre toute autre matière.

Celle-ci, nous l'avons vu, est nécessairement divisible. Les faits observés, les inductions imposées par l'expérience conduisent logiquement à admettre qu'elle l'est à l'infini, que jamais on ne rencontrera l'atome, c'est-à-dire en définitive la matière.

En supposant au contraire cette divisibilité limitée, en concédant pour un instant la réalité de l'atome matériel, si on admet que la

[1] Dans son étude sur la *Constitution de l'Espace céleste*, M. Hirn établit qu'un kilogramme de matière, dilué dans un espace de 595.000 kilom. cubes, élèverait de trente-huit millions de degrés la température de la lune, par suite du frottement résultant de la vitesse de cet astre, qui est cependant l'une des moindres vitesses sidérales. A plus forte raison les autres corps célestes subiraient-ils des perturbations qui rendraient impossibles et l'équilibre de l'univers et même tout autre état que l'état nébuleux. M. Hirn conclut donc à l'inexistence de l'éther.

force a besoin d'un point d'appui, les *matiéristes* demeurent incapables d'expliquer son transport entre les astres comme au sein des corps et se trouvent dès lors acculés à cette contradiction : il est nécessaire qu'il y ait un vide pour que les corps puissent se mouvoir, et il est non moins nécessaire qu'il n'y ait pas de vide pour que les phénomènes puissent se produire ; il est donc également impossible que le vide soit et qu'il ne soit pas !

Conclusion, dont personne cette fois ne contestera la légitimité : il n'y a pas au service des forces, soit entre les corps, soit entre les parties d'un corps, de substrat d'essence différente.

D'où se déduit naturellement ce corrollaire :

L'idée de matière ne nous est suggérée que par les phénomènes, et ces derniers sont démontréspossibles, existants,en dehors de toute matière.D'autre part,on n'a jamais donné d'autre preuve de l'existence de celle-ci que sa prétendue nécessité. Cette nécessité disparaissant, l'hypothèse d'une substance distincte de la force devient donc purement gratuite, et ce que nous nommons matière n'est plus qu'un ensemble d'effets produits sur nous par la force seule. Ces effets sont une réalité ; l'agent qu'ils manifestent est une réalité plus haute ; mais l'idée de matière, d'agent différent du premier, est le résultat d'une erreur de jugement, d'une interprétation inexacte des phénomènes perçus. C'est une illusion des sens, analogue à toutes celles que l'homme a d'abord subies et dont il s'est dégagé à mesure qu'il apprenait à mieux raisonner : telles la matérialité des images réfléchies, la personnalisation des forces de la nature, la translation du soleil autour de la terre, etc. ; toutes choses que les sens nous ont d'abord données comme évidentes et que le progrès des connaissances a fait évanouir.

Il y a identité entre la force et la matière : cette opinion tend d'ailleurs à se généraliser, même chez les matérialistes, qui cependant, par une étrange contradiction, professent en même temps que la force est un attribut de la matière !

Si cette identité s'impose, l'un des termes doit seul être conservé. Lequel ? Celui évidemment qui désigne un agent nécessaire à l'explication des phénomènes ; celui-là aussi dont l'exactitude est démontrée.

Or, d'un côté le phénomène est inconcevable sans l'idée de force, et de l'autre, si l'on a avant nous, quoique plus timidement peut-être, douté de la matière, la force a toujours été reconnue et proclamée.

Sur quoi repose l'idée de matière ? Sur ce préjugé, répétons-le, que l'énergie a besoin d'un support d'une autre essence que la sienne : « Nous ne pouvons, a dit F. Mohr, imaginer aucune force sans lui supposer un *substratum* matériel ».

Si on en supprime le dernier mot, la proposition est vraie, sinon en ce qui concerne l'existence de la force, laquelle peut être conçue abstraction faite de son support, du moins en ce qui touche ses effets sur nos sens. Oui, les phénomènes sont le résultat d'actions et de réactions ; oui, l'action est due à la force en expérience et la réaction au substrat de cette force ; non, ce substrat n'est pas nécessairement d'une autre essence que la force en action.

La vérité, c'est que l'observation de l'univers, de l'infiniment petit à l'infiniment grand, éveille impérieusement l'idée de force et non celle de matière. Il n'y a pas une parcelle de la prétendue matière qui ne soit en mouvement : c'est un point aujourd'hui hors de conteste. A supposer qu'il n'en fût pas ainsi, cette parcelle, nous ne pourrions la connaître, la percevoir. Dans les corps, ce qui se révèle à nous — disons-le pour la dernière fois — c'est donc la force sous un ou plusieurs de ses aspects. D'où nous vient au contraire l'idée de matière ? « La preuve dernière que nous ayons de l'existence de la matière, dit avec raison

M. H. Spencer[1], c'est qu'elle est capable de résister ». Or, qu'est-ce que la résistance, sinon une force ? La « preuve dernière » de la matière est en définitive une preuve nouvelle de l'énergie. Et remarquons-le, en dehors de cette prétendue preuve, *il n'y en a pas d'autre.*

La matière n'existe pas, et cependant il y a des corps. Qu'est-ce donc qu'un corps ? C'est un *agrégat de forces*, de même que le prétendu atome est un *centre de force.*

Les agents naturels jusqu'ici reconnus agissent soit les uns sur les autres, soit sur une autre force que, dans l'hypothèse, nous appellerons *résistance.* A ces actions, répondent des réactions. Ainsi naît le phénomène ; ainsi sont constitués les corps, lesquels, tels que nous les percevons, sont des ensembles de phénomènes localisés et coordonnés d'une manière durable ; et ces phénomènes, sollicitant cet autre agrégat dynamique qu'on appelle le sujet pensant, sont sentis par lui.

Nous venons de parler de la résistance comme d'une hypothèse. Il est bon de nous expliquer, pour ne pas être accusé de substituer une supposition à une autre. Ce qui est certain, — nous espérons du moins l'avoir démontré, — c'est l'unité substantielle, à savoir l'identité de la force et de la matière ; c'est que

[1] Les *Premiers Principes*, traduction de M. E. Cazelles, édition de 1888, p. 51.

tous les phénomènes constituant pour nous le monde sensible sont dûs à la force revêtant diverses formes et variant son action. Ce qui est encore douteux, dans l'état actuel de la science, c'est de savoir s'il y a un mode particulier de l'énergie susceptible de ce nom de résistance, comme il y a le mode puissance sous les formes attraction, mouvement, chaleur, etc. Nous ignorons en d'autres termes si l'élément premier des corps, l'atome (pour conserver, avec un sens nouveau, ce vocable consacré par l'usage) est le point où la puissance et la résistance prennent contact, — ou s'il est simplement le point d'intersection de deux courants dynamiques. Ceci est possible après tout, et nous paraît même plus probable. L'avenir nous éclairera peut-être à cet égard ; mais la solution du problème est indifférente à notre conclusion, à savoir que la matière est simplement un mode de la force, quel que soit ce mode.

Autre remarque non moins importante. Pour avoir dit ce que n'est pas la matière, et même pour avoir affirmé qu'elle est une force, ou mieux un effet de la force, nous n'avons pas la prétention de dévoiler ce que sont, en soi, la matière ou l'énergie ; nous avons seulement entendu prouver que, *quoi qu'elles soient*, elles sont une seule et même chose. Quant à la nature propre de cette substance unique du monde, c'est, s'il faut le redire, une des faces de l'absolu, partant de l'incompréhensible.

Les corps, les êtres sont donc faits de groupes de forces intégrés, individués, suivant les heureuses expressions des évolutionnistes, c'est-à-dire constitués d'une façon durable. (Nous ne disons pas invariable : il n'y a dans la nature aucune forme, aucun état permanents). Et ces êtres, sous leurs variations accidentelles, persistent dans leur essence. La destruction (relative, car la fin de l'être n'est pas la fin de ses éléments) survient seulement quand les causes de dispersion ont triomphé des causes d'intégration, ont ruiné la constitution particulière d'un être donné, rompu le lien qui unissait et coordonnait ses parties.

Il en est ainsi pour les êtres organisés eux-mêmes. Malgré le renouvellement incessant, la « circulation » de leurs éléments dynamiques, les corps vivants persistent, eux aussi, tant que n'est point déchirée la trame où de nouveaux éléments viennent prendre la place des éléments dispersés.

Il restera peut-être au lecteur peu familiarisé avec les analyses scientifiques un dernier effort à faire pour s'affranchir de cette obsession de la matérialité : nous voulons l'y aider en présentant la question sous une face plus familière.

Voici une des substances les plus « grossières ». C'est, si l'on veut, un bloc de charbon. La « matière » de ce corps est essentiellement le carbone. Or, si le carbone est solide dans la houille, il est gazeux dans l'atmosphère terrestre (acide carbonique de l'air), et sous cette forme il a déjà perdu toutes les qualités par lesquelles il tombait sous nos sens : figure, pesanteur sensible, couleur, etc. Seule l'analyse chimique nous le révèle ; et cependant c'est toujours le même carbone. Prenons un autre corps, l'hydrogène. Combiné avec l'oxygène, il est indirectement perçu par nous sous forme d'eau ou de vapeur d'eau condensée. Isolé, à l'état purement gazeux, il nous échappe et la chimie seule peut le saisir. L'analyse spectrale retrouve sa trace au sein des nébuleuses irréductibles, ces sortes de « brouillards de rêve », qui sont à notre atmosphère ce que celle-ci est à un lingot de plomb, et peut-être moins encore.

Or, suivant la théorie cosmique de Laplace, de plus en plus confirmée par le calcul et par les découvertes astronomiques, notre terre, notre système solaire tout entier, probablement même l'agglomération sidérale dont il fait partie, à savoir la voie lactée, peut-être enfin tout l'univers, ont été à l'origine dans cet état nébuleux. Et l'hydrogène de l'eau, et le carbone du charbon, et le lingot de plomb affectaient alors cette forme indéfinissable et presque idéale ! A-t-on encore de la peine à concevoir leurs parties dernières et infinitésimales, leurs atomes, comme autant de formes de la force, surtout si on se rappelle que, même sous l'aspect solide de la substance, la force seule est en définitive perçue par nous ?

Et le mystérieux éther ? S'il fallait en croire les théories reçues, ne serait-il pas à un incalculable degré de ténuité, même par rapport aux nébuleuses ? Ne nous le représente-t-on pas comme subtil au-delà, non plus de toute expression, mais de toute imagination ? On le voit : l'effort que nous demandons à l'esprit du lecteur lui a déjà été imposé par l'École elle-même.

Renversons à présent les termes de l'argument. Considérons en idée deux ou plusieurs forces prenant contact avec la résistance, ou deux courants dynamiques se coupant sous un angle donné : de toute évidence, cette rencontre, ce choc produiront un effet quelconque ; ils ne pourront pas ne pas en produire. Dès lors, un phénomème naîtra, sera perçu par nous, et les forces en présence seront incontestablement la « substance » de cet « accident ».

De toutes manières, la conception est donc des plus légitimes, nous pouvons dire des plus évidentes.

Quelles objections peut-on élever à son encontre? Nous allons tâcher de les prévoir toutes.

Dira-t-on que la théorie atomique est le fondement de la chimie et même, quoique dans une moindre mesure, de la physique, — que l'une et l'autre science ont besoin de l'atome, et par conséquent de la matière? Ce ne serait pas exact. Ce qui est certain, c'est que les corps se combinent en proportions définies, d'où est née la théorie des équivalents, à laquelle s'en tiennent nombre de chimistes de marque, déclarant que la théorie atomique n'est pas nécessaire à l'explication des phénomènes de cet ordre. Allons plus loin, car cela nous paraît légitime : admettons le principe sur lequel la théorie est basée, mais le principe seulement, à savoir l'existence d'éléments constants au point de vue quantitatif dans chacun des corps dits simples; cette fixité quantitative ne nous conduira pas forcément à l'atome matériel. Qui nous empêche en effet de la reconnaître dans les éléments dynamiques, comme on l'a attribuée aux prétendus éléments matériels? Les atomes deviendront des *centres de force d'une énergie constante pour chaque corps simple*, et même pour tous les corps, si l'unité de matière, à laquelle tendent des chimistes éminents, passe définitivement de la spéculation dans la science expérimentale; — c'est-à-dire, en nous plaçant à notre point de vue, si les éléments premiers de tous les corps sont des centres dynamiques identiques, distribués suivant un plan différent dans chacun des métalloïdes ou métaux.

Pour nous, en effet, pour bien d'autres aussi, dont l'autorité est autrement établie, l'unité matérielle n'est même pas le dernier stade de l'évolution qui s'accomplit de nos jours dans la conception de la substance. Nous ne méconnaissons pas néanmoins quel secours nous rencontrerions dans la démonstration par voie d'expériences que les éléments des corps sont identiques, non seulement dans leur essence inconnue (cela, nous venons de le prouver), mais encore dans leurs caractères chimiques primordiaux. Le dernier pas serait alors plus facilement franchi par les esprits les plus rebelles encore à l'identité substantielle de la force et de la matière.

Quoi qu'il doive advenir de cette espérance, nous avons répondu, et cela suffit, à l'argument tiré des données des sciences physiques. Non seulement notre conception de l'atome n'a rien d'incompatible avec les propriétés physiques des corps, cohésion, impénétrabilité, inertie, etc., ou avec leurs propriétés chimiques, telles que l'affinité, mais encore elle se prête bien mieux à l'explication des phénomènes d'où l'on a induit ces propriétés. Nous croyons inutile d'insister sur chacune d'elles.

Pourrait-on nous opposer la divisibilité de la force, comme nous avons opposé aux matiéristes celle de la prétendue matière? Le lecteur a déjà répondu : la division des forces naturelles, même poussée à l'infini, n'est point contradictoire avec notre thèse. En effet, si même l'énergie, sous l'un quelconque de ses modes connus ou inconnus n'occupe pas toute l'étendue, s'il y a entre les centres d'une force déterminée un vide absolu (ce que nous ne croyons pas), que nous importe ? N'avons-nous pas écarté l'hypothèse de l'éther et constaté que la force se passe de tout support étranger ?

D'ailleurs, contrairement à la conception qui s'imposait au point de vue matiériste, la force peut varier, elle peut augmenter ou diminuer sans que la question de divisibilité, de réduction en parcelles, de dispersion de telle ou telle partie ait rien à y voir. Tantôt l'idée de force sera considérée dans ses rapports avec celle d'étendue, et tantôt elle en sera indépendante ; et en cela se montre la souplesse de notre théorie de la substance.

La force peut s'exercer, s'exerce en fait sur des espaces variant à l'infini, depuis le point jusqu'à l'immensité. Que l'action de l'énergie se produise en un certain nombre de points *séparés par des intervalles*, et l'ensemble de ces actions constituera un corps. Ce qui subsiste, une fois évanouie l'obsédante question de la divisibilité matérielle, c'est l'infinie divisibilité de l'espace, et l'esprit humain ne peut comprendre celui-ci que comme indéfiniment divisible en effet.

Voilà la force associée à l'étendue ; l'y voici maintenant tout-à-fait étrangère. Je puis accumuler en un seul et même lieu des quantités de force variant à volonté, sans que change la dimension de ce lieu : le dynamomètre nous en offre un exemple familier ; je puis surtout faire varier en imagination cette puissance, depuis le souffle d'un enfant jusqu'à la gravitation qui soutient les mondes. Ici du reste il ne s'agit plus de quantité à proprement parler, mais bien plutôt du degré d'intensité.

Et même les effets, tout au moins lointains, de la force ne sont pas toujours proportionnels à l'intensité sensible. C'est ce que nous montre le phénomène vital : dans un germe imperceptible est enfermé l'élément dynamique qui contraindra les éléments voisins à s'ajouter à lui, les distribuera suivant le plan et leur imposera la direction nécessaires pour constituer, avec les années, l'athlète ou le chêne robuste. Et cette force, où siége-t-elle, d'après des recherches dont les résultats sont entièrement concluants ? Non pas dans telle ou telle cellule de l'embryon, mais en un point mathématique qui échappe à l'expérience !

Voilà, pour en finir avec cette question de la divisibilité, une nouvelle preuve que l'élément dynamique se confond avec le point idéal, que seul il est réellement *insécable*, que seul il mérite le nom d'atome, que seule enfin la *juxtaposition sans contact*, ou mieux sans confusion, de ces points au sein de l'espace forme les corps sensibles. Ainsi se fait la conciliation vainement poursuivie par la scholastique : ainsi « des points inétendus engendrent une étendue ». Cette apparente anomalie, tourment aujourd'hui apaisé des penseurs d'autrefois, n'est-elle pas, pour le remarquer en passant, une nouvelle preuve de la fausseté des idées si longtemps régnantes sur la « matière », du désaccord de la conception avec le fait ?

Les fervents de la métaphysique vont-ils maintenant invoquer, non plus la divisibilité de la force, mais au contraire l'indivisibilité de son principe, de son essence, de la force en soi ?

L'objection revient à dire qu'il ne saurait y avoir de différenciation au sein de l'unité. Nous ne savons si c'est logique, mais c'est faux. C'est même là un exemple caractérisé du danger des raisonnements de « logique pure » (p. 12), c'est-à-dire partant de prémisses arbitraires, non induites de l'expérience.

Nous ne voyons pas pourquoi le principe des forces, quel qu'il soit, ne pourrait pas diviser, c'est-à-dire varier son action ; et en fait il la divise. Savoir comment, il n'y faut penser, puisque la connaissance absolue des choses nous est interdite. Mais nos contradicteurs, qui affirment avec raison l'énergie et son unité, soutiennent-ils qu'elle s'exerce tout entière sur un seul point de l'étendue ? Non certes. — Ou qu'elle se présente à nous sous un seul aspect ? Pas davantage. Eh! bien, alors ?

La coexistence de l'un et du multiple ! Mais elle frappe à chaque instant les yeux de l'observateur de la nature, et nous le verrons plus loin en étudiant la transformation des forces. Nous en avons d'autre part une preuve saisissante dans le phénomène de conscience, où se manifestent l'unité et l'identité du mobile et du moteur, du sujet et de l'objet ; or, il serait difficile d'imaginer une différenciation plus profonde que celle de deux formes aussi opposées et néanmoins une unité plus complète que celle de l'être qui les revêt simultanément.

Si donc l'énergie peut se manifester sous le mode mouvement, chaleur, etc., qui donc l'empêchera de se manifester sous le mode résistance ou matière, qu'il y ait une force spéciale de substrat ou que les forces actives se servent réciproquement de support ?

D'ailleurs, unité de nature et indivisibilité sont deux. L'énergie est divisible : cela est évident, puisqu'elle agit en même temps en une infinité de points de l'étendue. Mais cela n'empêche pas ses diverses parties d'être au fond, et sous leurs modes divers, une seule et même nature ; la force n'en est pas moins partout identique à elle-même et susceptible seulement de revêtir tour à tour des propriétés diverses, de se manifester, suivant les temps, les lieux et les conditions, par des phénomènes différents. Or c'est là précisément ce que l'analyse de ces phénomènes nous révèle.

Poursuivons cette critique.

Un certain nombre de corps, soixante-dix environ, n'ont pu encore être décomposés par la chimie : ce sont les corps dits simples, métalloïdes et métaux. Si cette analyse est définitivement impossible, il restera soixante-dix éléments irréductibles les uns aux autres. Si ces corps sont décomposables, chacun d'eux sera formé tout au moins de deux éléments et, en supposant que ceux-ci soient identiques dans tous les corps et seulement associés en chacun d'eux dans des proportions et suivant des lois autres, il y aura en définitive deux substances, et ces substances seront distinctes de la force, seront deux matières.

Pourquoi cela ? Et quelle difficulté de croire que, la puissance se révélant à nous sous huit à dix aspects, la résistance revêt deux formes différentes, et même soixante-dix si l'on veut, — ou que la rencontre des courants dynamiques dans des conditions variées produit tout autant d'effets divers ?

L'observation des nébuleuses pourrait peut-être fournir quelques renseignements sur la question. L'analyse spectrale ne dénote la présence, au sein de ces embryons d'étoiles, que d'un petit nombre de substances. Celle de l'hydrogène paraît incontestable ; on a cru y découvrir l'azote, mais la détermination de la raie prise pour celle de ce corps a paru douteuse ; enfin une autre substance encore inconnue est signalée par une raie verte très brillante.

Or les astres qui naîtront de ces amas gazeux présenteront très probablement la plupart des corps simples existant dans ceux aujourd'hui constitués ; l'induction nous autorise à l'admettre. Les récentes observations de M. Janssen ne tendent-elles pas à démontrer l'absence de l'oxygène dans le soleil, d'où sont issues cependant toutes les formes de la « matière » terrestre ? Peut-être même ne serait-il pas téméraire d'espérer des progrès de l'astronomie une lumière plus complète. Si jamais on découvre des nébuleuses, n'en fût-il qu'une, où cette différenciation rudimentaire ne serait même pas constatée, que l'analyse nous montrerait comme formée d'une substance unique et homogène, germe commun des substances nécessaires à l'évolution sidérale et géologique d'un mode futur, ne nous serions-nous pas considérablement rapprochés de la matière-mère, que beaucoup de chimistes croient voir dans l'hydrogène ?[1] Et si par aventure ce gaz d'une incroyable ténuité était un jour reconnu naître spontanément au sein de l'étendue déserte (car on ne sait encore d'où vient cette semence de mondes), le mystère ultime ne serait-il pas éclairci, et pourrait-on

1 Depuis que ces lignes sont écrites, M. N. Lockyer a photographié les spectres de plusieurs nébuleuses, et il a constaté que le nombre de corps simples dont les raies sont visibles sur les clichés *diminue à mesure qu'on passe des nébuleuses les plus denses au plus raréfiées*. On ne trouve plus dans les spectres de celles-ci que les raies de l'hydrogène et du phosphore.

expliquer cette genèse autrement que par une métamorphose de l'énergie partout répandue dans l'espace ?

A un autre point de vue, sait-on bien ce qu'est, au fond, l'indestructibilité de la matière, ou soit-il la permanence de ses éléments ? Vous dites, par exemple : un atome de fer est toujours du fer, et cet atome, on peut le suivre et le retrouver individuellement dans toutes ses migrations, au sein de la terre, à sa surface, ou encore dans le sang qui circule à travers le corps humain. En réalité cependant rien ne nous autorise à voir en lui un individu plutôt qu'un simple état de la substance, déterminé par les conditions dans lesquelles se trouve tel ou tel point, tel ou tel *lieu* de celle-ci.

Quand je mets en présence de l'oxygène, du fer et du soufre, ou les conditions de leur combinaison seront réalisées, et j'obtiendrai du sulfate de fer, pour prendre ce composé ; — ou elles ne le seront point, et les trois corps demeureront distincts. Quand j'essaye de décomposer du sulfate de fer, ou je créerai les conditions nécessaires à l'analyse, et je retrouverai, séparés, trois éléments ; — ou ces conditions feront défaut, et le corps en expérience demeurera ce qu'il était. Mais c'est tout ; et je ne suis pas en droit d'affirmer, en l'état de la science, si c'est le même atome de soufre, d'oxygène ou de fer qui se cache et reparaît, ou si la matière (les courants dynamiques) s'est trouvée dans des circonstances telles qu'en vertu des lois de la nature elle dût perdre et reprendre l'aspect fer, l'aspect soufre, l'aspect oxygène, l'aspect sulfate de fer.

Mais, demandera-t-on peut-être, pourquoi, dans cette expérience, ne voit-on pas, au lieu des corps ci-dessus, apparaître indifféremment de l'hydrogène, du mercure, etc. ? Tout uniment, pourrions-nous répondre, parce que ces mêmes lois ne le permettent pas; parce que tout se tient dans la nature et que, toutes choses égales d'ailleurs, un état de la substance est la suite nécessaire de l'état qui l'a précédé et la cause non moins nécessaire de celui qui suivra, et ne peut-être ni l'effet ni la cause d'aucun autre. Ainsi (pour faire une comparaison et non pas un exemple), dans des conditions données de température, de pesanteur et de pression, l'eau passera forcément à l'état de vapeur et ne pourra point, ces conditions demeurant les mêmes, retourner à l'état liquide ou passer à l'état de glace.

La fixité qualitative s'accommode donc aussi bien de cette conception que de l'interprétation courante. De même pour la fixité quantitative : il est — nous le supposons du moins — superflu de le démontrer.

Hâtons-nous cependant de quitter ces spéculations, où nous avons eu tort peut-être de nous aventurer : car leur caractère hypothétique pourrait jeter quelque défaveur sur une thèse si solidement étayée par ailleurs. Tenons-nous donc sur le terrain des certitudes, et poussons même l'objection à ses dernières limites.

On pourrait encore nous dire : de la transformation des forces actives les unes dans les autres on a légitimement conclu à leur unité substantielle ; pour être autorisé à englober la matière dans cette même unité, il faudrait de même avoir assisté à la transformation de la puissance en résistance, et *vice versâ*.

Rappelons d'abord qu'en l'état nous ignorons s'il y a réellement deux modes fondamentaux de l'énergie ou si l'aspect matériel résulte des actions réciproques des forces actives. Quoi qu'il en soit, l'identité matérielle et dynamique — il importe de ne pas l'oublier — a été par nous induite de l'observation des phénomènes, de données expérimentales par conséquent.

D'autre part, nous ne savons ce qu'à cet égard l'avenir nous réserve, une fois les recherches des hommes de science dirigées dans cette voie. Il n'y a certes pas plus de hardiesse à en espérer des indications précieuses qu'il n'y en avait à croire, il y a cinquante ans, à l'unité de la force, il y a vingt ans, à l'unité de la matière.

S'il demeure à jamais impossible de « prendre la nature sur le fait », une seule conclusion sera légitime : c'est que c'est là un des côtés de l'absolu, un des mystères fondamentaux impénétrables à l'esprit humain.

Mais si l'identité substantielle et dynamique doit échapper toujours à la démonstration en laboratoire, la démonstration logique subsiste, *avec l'observation comme point de départ*, et c'est là, on le sait, un moyen de connaissance au moins aussi sûr que l'expérience provoquée (p. 12).

Après avoir accumulé à dessein les obstacles sous nos pas et les avoir successivement renversés, peut-être avons-nous le droit de dire : l'étude attentive de la nature, l'examen des conditions *nécessaires* des phénomènes nous a conduits à la négation de cette chose indéterminée désignée jusqu'ici sous le nom de matière (un mot, et rien de plus, de l'aveu des matérialistes). Il faut donc ou nous montrer l'atome, ou s'attaquer directement à notre argumentation et la ruiner, ou accepter nos conclusions.

Une observation pour finir.

Nous parlerons fréquemment dans cette étude, de forces actives et de forces passives ou de substrat, ces deux derniers termes employés comme synonymes de la résistance ; mais il ne faudra pas s'y méprendre : ce ne sera point que nous considérions le rôle de celle-ci dans la nature comme réellement passif. Si elle existe distinctement d'avec la puissance, la résistance est une force, et à ce titre elle est essentiellement active.

Toutefois, comme les agents connus sous les noms de mouvement, chaleur, lumière,etc., sont ceux dont l'activité tombe sous nos sens d'une manière immédiate, comme d'autre part il fallait bien adopter deux vocables distincts pour signifier les deux modes primordiaux de l'énergie, nous sommes dans l'obligation de conserver ces expressions, faute d'une *nomenclature* rationnelle, encore à créer pour la philosophie expérimentale, insuffisante dans les autres sciences physiques.

Il nous arrivera même, dans le but d'éviter des répétitions ou des périphrases, et aussi pour ne point trop dépayser le lecteur, de prononcer les mots d'atome, de molécule, de matière, ou encore de substance comme synonyme de celle-ci ; on voudra bien les considérer comme traduisant les idées de centre de force, — de groupes (primaires) de forces, — de forces passives, forces de substrat ou résistance.

CHAPITRE III

Propriétés de la Force.

Les forces actives, lorsqu'elles ont cessé de se manifester sous la forme où nous les percevions tout d'abord, n'ont point disparu ; elles se sont transformées. Il y a quelque vingt ans, une démonstration de cette loi eût pu présenter encore de l'intérêt : elle serait aujourd'hui surannée, si universellement est accepté le principe et si familières en sont devenues les applications. La machine à vapeur, les machines électro-dynamiques, l'éclairage voltaïque, l'aimantation par induction, le téléphone, le phonographe, etc., sont connus de tous. Tout récemment encore, le photophone a montré le rayon lumineux se résolvant en ondes sonores : chacun savait déjà que les fils métalliques entrent en vibration sous l'action de la lumière ou de la chaleur absorbées par eux ; chacun a de même entendu le sifflement d'un corps incandescent plongé dans l'eau froide. On connait enfin les changements provoqués par le magnétisme dans la structure intime des corps, c'est-à-dire le magnétisme devenant force moléculaire. Dans l'ordre chimique, la photographie a vulgarisé les exemples de décomposition de certaines substances par la lumière, et il n'est pas un élève de nos lycées qui n'ait observé la formation de l'acide chlorhydrique sous l'influence des rayons solaires ; la décomposition de l'acide carbonique de l'air par les plantes dans les mêmes conditions n'est pas ignorée du lecteur ; on sait encore que les combinaisons et les analyses sont accompagnées de dégagement ou d'absorption de calorique et d'électricité, et souvent de phénomènes lumineux. Dans l'ordre vital, est-il nécessaire de rappeler que les phénomènes de nutrition, d'oxydation du sang, d'activité musculaire ou nerveuse, etc., sont sous la dépendance étroite de la chaleur, de l'électricité ou de l'affinité chimique ?

Cette métamorphose des divers modes de l'énergie se fait par équivalence ; en d'autres termes, la force ou les forces nouvelles sont proportionnelles à la force disparue.

La mesure en a été prise dans certains cas, notamment en ce qui concerne les relations entre la chaleur et le mouvement ; elle pourra l'être dans tous les cas lorsque nos moyens de contrôle offriront la précision suffisante.

La conséquence inévitable de cet imposant ensemble d'observations était la croyance à l'unité des forces ; elle ne rencontre plus aucune objection.

Néanmoins, le principe commun de l'énergie, la substance première des corps, l'essence des forces échappe à notre atteinte directe : cette essence, la raison seule nous la dévoile en interprétant les phénomènes.

Quelques-uns ont cru la voir dans le mouvement. Il est facile de dissiper leur illusion. Il faut d'abord distinguer entre les deux sens du mot mouvement. S'il s'agit du déplacement des corps, c'est là un simple effet. Veut-on au contraire parler de la cause de ce déplacement, du moteur? Ce moteur est évidemment une force, mais une force tout aussi inconnue dans son principe que la matière, la chaleur, la gravitation, etc. Argumentera-t-on de la transformation du mouvement en d'autres agents naturels ? Mais la transformation inverse est tout aussi fréquente. Est-on influencé par cette idée que toutes les forces secondes paraissent se manifester sous forme de vibrations, perçues, suivant leur rythme ou leur fréquence, par tel ou tel de nos sens ? Admettons cette assimilation. Le mouvement sera alors la *forme* essentielle de la force, mais on ne peut aller au-delà ; il ne sera pas la force elle-même ; il sera toujours effet et non cause. Il restera donc à se demander ce qu'est le mouvement ou, ce qui revient au même, quelle est la cause du mouvement, quel est et ce qu'est en soi le moteur, en un mot ce qu'est la force.

La force est une. A cet attribut, si nous faisons un pas de plus dans l'étude de l'univers, va s'en ajouter un autre non moins important.

A mesure du développement de nos moyens d'investigation dans le microcosme[1] sont reculées les limites de l'être. Disons-le à notre tour : personne n'a vu l'atome et personne ne le verra. C'est encore plus évident depuis que l'atome est devenu un centre dynamique échappant aux lois de l'étendue et pouvant en définitive se confondre avec le point mathématique.

De même pour le mégalocosme. A chaque perfectionnement du télescope correspond la

[1] Nous employons les termes *microcosme* et *mégalocosme* pour désigner, conformément à l'étymologie, le monde des infiniments petits et celui de l'infiniment grand. Il est à peine besoin de mettre le lecteur en garde contre toute confusion avec les expressions de *microcosme* et *macrocosme*, créées par les hermétiques pour un ordre d'idées tout différent.

découverte, non point seulement d'astres nouveaux, mais de nouvelles agglomérations sidérales analogues à notre voie lactée, qui compte des milliards de soleils. Nous pouvons dire aussi : personne n'a vu le dernier astre et personne ne le verra [1].

Le monde est infiniment petit et infiniment grand : en un seul mot, il est infini. D'ailleurs cela ne se discute plus.

Il est impossible en effet de se figurer un lieu *où il n'y a rien*. L'idée du néant est une

[1] Peut-être n'est-il pas inutile de résumer ici succinctement la constitution de l'univers, d'après l'état actuel de la science astronomique.

Le système dont la terre fait partie se compose, comme on sait, de huit planètes principales (pour négliger les planètes télescopiques et les comètes), groupées autour d'un astre central, le soleil, dont la lumière, à raison de 77,000 lieues à la seconde, met environ huit minutes à nous parvenir ; ce qui porte la distance entre lui et la terre à 148 millions de kilomètres en chiffres ronds.

Autour de nous sont disséminées des myriades d'étoiles, c'est-à-dire tout autant de soleils, qui ont certainement leurs satellites, leurs planètes, à la surface desquelles la vie se manifeste sans doute sous une forme ou sous une autre. On voit à l'œil nu cinq mille au plus de ces étoiles fixes (fixes par rapport à nous et à cause de leur incommensurable distance ; car tous les corps célestes sont animés en réalité de prodigieuses vitesses). Les intervalles qui les séparent sont déjà tels qu'on ne les compte plus par kilomètres ou par lieues, mais que l'unité de mesure est la distance du soleil à nous. Cette mesure elle-même devient bientôt insuffisante et il faut alors calculer par années de parcours de la lumière. Celle de l'étoile la plus rapprochée, Alpha du Centaure, nous arrive, à raison de cette vitesse de 77.000 lieues à la seconde, en un peu moins de quatre années.

Toutes les étoiles distinctes à l'œil, et celles infiniment plus

chimère ; elle n'est que l'antithèse de celle d'être. C'est une abstraction pure. Nous percevons les existences, puis, par voie de suggestion antithétique, nous effaçons pour un instant ce concept du tableau de notre conscience ; mais il suffit d'interroger celle-ci pour voir que rien ne l'y remplace, que le concept contraire n'est pas possible, que la non-existence ne surgit pas en nous à l'état d'idée. Il n'y a aucun lieu où nous puissions l'emplacer : il n'y a donc point de lieu en dehors de ce qui

nombreuses (plusieurs milliards) que le télescope peut isoler, sont groupées en un amas de forme sensiblement lenticulaire. C'est dire que nous y sommes compris. Notre soleil n'est pas *très* éloigné du centre réel ou virtuel de cette agglomération (il n'en est qu'à cinq ou six cents années de parcours lumineux !) C'est grâce à cette position et à la forme lenticulaire de l'amas que le ciel se montre dégarni sur les côtés, si l'on peut ainsi parler, et que le plus grand nombre des étoiles *nos voisines* (soit dit sans ironie) nous apparaissent sous l'aspect d'une ceinture nuageuse faisant le tour de notre globe et dite voie lactée. Lorsqu'un télescope est braqué sur un même point de l'amas pendant une heure seulement, plus de deux cent mille étoiles défilent dans son champ, par suite du mouvement de rotation de la terre. Ce nombre est à peu près celui qui compose une mince tranche de la voie lactée prise en travers.

Enfin, à des distances au regard desquelles celles dont nous venons de parler sont comme insignifiantes, le ciel, examiné dans une lunette de moyenne force, se montre parsemé de nuages blanchâtres, dont la plupart sont des amas stellaires, des voies lactées analogues à la nôtre et comptant tantôt plus, tantôt un moins grand nombre d'astres. De puissants télescopes les ont en effet résolues en étoiles distinctes. De là leur nom de nébuleuses résolubles ou réductibles. C'est par millions, et même par centaines de millions d'années pour les plus éloignées, qu'il faut comp-

est; par conséquent le monde est partout, il est infini.

Voilà pour l'étendue. Ainsi pour le temps : on ne peut concevoir un moment où rien n'était, un autre moment où rien ne sera. La substance du monde est donc éternelle. Infinie dans l'espace, elle l'est également dans la durée.

Car voici l'heure de faire une distinction très-importante. Ce qui est éternel, ce n'est pas le monde actuel ou tel autre, ce n'est pas

ter la durée du voyage de leur lumière jusqu'à nous. On en connaît actuellement plusieurs milliers et, chaque fois qu'on dispose d'un instrument plus perfectionné, on en découvre de nouvelles. Où s'arrêtera définitivement le télescope, l'induction tirée des conditions nécessaires à l'équilibre des mondes, de par les exigences de la gravitation, nous assure que d'autres légions d'univers s'étendent à l'infini. Quelques-unes des nébuleuses les plus proches peuvent être aperçues à l'œil nu par les personnes douées d'une vue exceptionnelle.

Parmi ces nuages de l'immensité, un assez grand nombre ne sont pas cependant des amas d'étoiles, mais sont formés d'un ou plusieurs gaz extrêmement diffusés. Ce sont les nébuleuses gazeuses ou irréductibles (non résolubles en étoiles). Dans presque toutes on aperçoit un ou plusieurs centres de condensation, autour desquels l'ensemble tend à se précipiter par un mouvement hélicoïdal. De ces points de concentration naîtront tout autant d'étoiles, de soleils, plus tard sans doute escortés de planètes. Ce sont des mondes, des systèmes en formation. D'après la théorie de Laplace, rappelée ci-dessus (p. 30), tous les astres existant actuellement dans l'univers procèdent de nébuleuses semblables et peut-être, dans les origines les plus lointaines, d'une seule et même nébuleuse ayant occupé tout l'espace et dont celles que nous voyons aujourd'hui sont les résidus.

la manière d'être de l'univers, c'est-à-dire la forme, l'accident ; c'est le fonds de l'être universel, la substance. Soutenir le contraire serait s'insurger contre l'observation, qui nous montre l'incessant changement des formes, l'apparition de phénomènes et de corps nouveaux, la disparition d'anciens corps et d'anciens phénomènes. Πάντα ῥεῖ [1], tout s'écoule, rien ne demeure. Le monde est un « perpétuel devenir ».

Nous venons de parler du temps et de l'espace. A quoi correspondent ces termes, et quels concepts traduisent-ils? L'espace, le temps sont-ils des choses, ont-ils une réalité objective? Ont-ils, au contraire, pris naissance dans notre esprit, traduisent-ils des idées purement subjectives ?

Sur cette question — qui n'en est plus une — il n'y a qu'à reproduire l'irréfutable raisonnement de M. Jules Simon [2] :

« Dans ce monde il n'y a que trois manières d'être quelque chose. On est une substance, ou une qualité, ou un rapport. En d'autres termes, nous concevons des individus, les diverses qualités des individus et les divers rapports que ces individus ont entre eux et leurs qualités entre elles. Vous chercherez vaine-

[1] Héraclite.
[2] *La Religion naturelle*. Edit. de 1883, p. 56.

ment quelque objet de la pensée en dehors de ces trois termes.

« L'espace est donc ou un individu, ou une qualité, ou un rapport. Il semble puéril d'avertir que ce n'est pas un individu, et cependant, la plupart du temps, on en parle comme s'il l'était. Un individu est un esprit ou un corps ; l'espace n'est ni corps ni esprit[1]. Un individu a des qualités ; l'espace n'en a pas et ne peut pas en avoir, car nous le considérons expressément comme ce qui peut recevoir toutes les qualités. Ainsi ce n'est pas un individu, une substance. Est-ce une qualité ? Ce n'est pas une qualité spirituelle, assurément. Et comment serait-ce une qualité corporelle, puisque nous avons vu qu'il ne tombe sous aucun de nos sens ? L'espace ne peut être la substance d'une qualité, et il ne peut être la qualité d'une substance, sans quoi il y aurait quelque qualité ou quelque objet qu'il ne pourrait contenir, à savoir la qualité contraire à la sienne, ce qui est contraire à la définition[2]. Il reste qu'il soit un rapport, ou qu'il ne soit rien. Et en effet, l'espace est un rapport et n'est que cela ».

[1] Y a-t-il des esprits? C'est une question que nous examinerons plus tard. En tous cas, s'il n'y a que des corps, le raisonnement de l'auteur est d'autant plus probant.

[2] Suivant la définition courante en effet, l'espace est le contenant de tout ce qui existe. Nous verrons tout-à-l'heure, avec l'auteur lui-même, si cette idée est exacte.

Que l'on substitue un mot à l'autre, et l'argumentation s'appliquera au temps, terme pour terme.

D'où viennent donc ces idées d'espace et de temps ? L'éminent écrivain va nous répondre encore :

« Le temps et l'espace sont les deux dimensions d'une même idée. Ce qui engendre l'espace, c'est l'étendue ; ce qui engendre le temps, c'est le mouvement. Donc l'un et l'autre sont engendrés par la dualité.... Ainsi point d'idée de temps et d'espace sans l'idée de dualité, point de temps ni d'espace sans dualité[1] ».

Et ailleurs :

« S'il n'y avait pas de grandeur, il n'y aurait pas d'espace. S'il n'y avait qu'une grandeur, il n'y aurait pas encore d'espace. S'il naît une seconde grandeur, la comparaison est possible et aussitôt naît l'idée d'espace, et pour ainsi dire l'espace lui-même.

« Si tout était immobile, il n'y aurait pas de temps. Si tout se mouvait à la fois, dans le même ordre, il n'y aurait pas encore de temps. Qu'une seule chose se meuve, une autre restant immobile[2], alors le temps existe....

« Sans comparaison, et par conséquent sans

[1] *Op. cit.*, p. 61.

[2] Ou que deux choses se meuvent, soit en sens divers, soit inégalement dans le même sens.

dualité, il n'y aurait ni grandeur, ni temps, ni espace[1] ».

Concluons donc avec l'auteur, et après Leibniz : le temps est l'ordre des successions, l'espace est l'ordre des coexistences.

En d'autres termes, nous dirons : l'espace est dans l'univers, et non l'univers dans l'espace ; le temps est dans le mouvement, et non le mouvement dans le temps[2].

Et, le mouvement étant une manière d'être de l'univers, nous pouvons dire aussi : le temps est dans l'univers, et non l'univers dans le temps.

Cela étant admis, « il n'y a rien en dehors de tout, par l'excellente raison que quelque chose en dehors de tout est une contradiction dans les termes. Si on est porté à faire cette question absurde, c'est par suite de l'habitude contractée de parler du vide comme s'il était. Or il n'est point. En outre, le tout ne pouvait être plus grand, parce qu'il n'est ni grand, ni petit. En effet, puisqu'il est le tout, il est le seul de son espèce et ne peut être comparé à rien[3] ».

Sans dualité, répétons-le, point de dimensions.

[1] *Op. cit.*, pp. 59, 60.

[2] Cette vérité est très énergiquement rendue par le mot latin *momentum*, qui signifie à la fois mouvement (sens primitif) et moment (sens dérivé).

[3] J. Simon, *op. cit.*, p. 64.

L'espace est le lieu du monde, et il n'y a aucun autre lieu ; le monde occupe toute l'étendue, parce qu'il n'y a pas d'étendue possible en dehors de lui.

Nous professons cette opinion d'une manière absolue, et on peut dire qu'elle s'impose à l'intelligence humaine. Les anciens disaient déjà: la nature a le vide en horreur. Cela n'expliquait rien, mais indiquait combien la pensée est réfractaire à cette idée du vide. Les modernes la repoussent d'une autre manière, en interposant l'éther entre les corps et entre les atomes. L'hypothèse éthérique est maintenant ruinée, mais le vide ne reparaît point pour cela. La raison, nous l'avons dit, se refuse à la conception d'un lieu où il n'y ait rien, et l'expérience sanctionne cette résistance. Lorsque apparurent sur la terre les premiers rudiments de l'animalité, le toucher les mit d'abord en relation avec une infime partie du monde. Quand ses nerfs devinrent sensibles au son et surtout à la lumière, l'animal reçut connaissance de tous les corps dits matériels qui se trouvaient dans son voisinage plus ou moins proche. L'homme survient et, surtout dans ces derniers temps, découvre chaque jour des êtres nouveaux, c'est-à-dire des forces nouvelles. Le microscope et le télescope, puis l'induction, basée sur les lois naturelles par lui constatées, lui dévoilent l'existence sans limites ; un sublime effort de la raison humaine révèle à Newton la force gravifique ; l'électricité, le magnétisme se manifestent plus tard dans les prétendus intervalles. Et la science est au seuil de son domaine, et le mouvement qui la pousse plus avant ne fera que se précipiter.

Mais dès à présent on est en droit d'affirmer que l'un au moins des modes de l'énergie, l'attraction universelle, est partout. On peut en dire autant de la lumière, car il n'y a pas d'ombre absolue. La sensibilité limitée de notre nerf optique nous empêche seule de pénétrer dans les milieux réputés les plus obscurs. (Ce n'est pas un mal, car si nous voyions tout avec la même intensité, nous ne discernerions rien). Les yeux de certains insectes, des fourmis par exemple, sont affectés par des rayons lumineux qui nous échappent, et il est inutile de rappeler la subtilité des autres sens chez un grand nombre d'espèces animales.

Mais, en admettant même que dans les intervalles des corps il ne se produise aucun effet sensible de l'énergie, en supposant que les courants dynamiques circulent sur tous ces points sans rencontrer la résistance ou sans se heurter, la force n'en ruisselle pas moins partout dans son abondance infinie, et non seulement « le vide n'est point » hors de l'univers, mais il n'est pas davantage entre les corps ou les atomes.

On peut donc, comme nous l'avons déjà dit (p. 27), faire deux hypothèses pour expliquer les procédés de l'énergie dans la formation des corps. Les courants dynamiques emplissent toute l'étendue. Si la force a deux formes premières, la puissance et la résistance, les corps apparaissent aux lieux où elles prennent contact. S'il est au contraire une seule catégorie de forces, celles que nous nous sommes représentées sous le nom d'actives (et ce dernier terme de l'alternative nous séduit davantage), ou elles circulent parallèlement, et alors aucun phénomène accessible à nos sens ne se produit, ou elles se coupent sous des angles divers, se groupent en nombres et en proportions variés, et nécessairement de ce heurt, de cette combinaison naît un effet quelconque, voire un ensemble d'effets, et un corps se révèle.

L'idée d'espace étant ramenée à sa valeur exacte, nous pouvons, en ce qui concerne le temps, résumer notre thèse en termes identiques : le temps est le moment du monde, et il n'y a aucun autre moment ; le monde occupe toute la durée, parce qu'il n'y a pas de durée possible en dehors de lui.

Les idées de temps et d'espace, suggérées par la pluralité, sont à proprement parler des formes de l'idée de nombre ; or le nombre, abstraction faite des objets entre lesquels il indique un rapport, est dépourvu de réalité. Quand je dis : mille hommes, je marque une manière d'être de ces hommes, soit vis-à-vis de moi, soit les uns vis-à-vis des autres. Si j'efface de ma pensée les individus auxquels je viens de l'appliquer, le « nombre » n'y demeure plus qu'à l'état de concept purement abstrait et nul ne soutiendra qu'il est par lui-même une chose. Ainsi de l'espace « occupé » par ces mille hommes ; ainsi du temps qui « s'est écoulé » entre leurs apparitions successives, s'ils ne se sont pas offerts à moi simultanément. Et c'est pourquoi, loin que le monde soit limité par le nombre, le temps et l'espace, ces termes, autant qu'on les amplifie par la pensée, ne représentent rien en dehors de lui.

Un simple changement de vocable rendra pleinement intelligible le véritable caractère des conceptions de temps et d'espace. Disons : l'espace est la distance entre les corps, le temps est la distance entre les évènements, et il ne viendra plus à la pensée de personne que la la distance, et par suite l'espace et le temps, soient autre chose que des relations, soient des êtres, des réalités. Du même coup, on saisira qu'il ne saurait y avoir de dimensions ou de durées absolues; que rien n'est par soi-même grand ou petit. L'univers, contenant l'espace, ne peut donc avoir de dimension, pas plus que, contenant le temps, il ne peut avoir de durée : il est tout, et il est toujours.

Il n'y a aucune distance entre les corps composant l'univers et rien, et par suite point d'espace hors de l'univers.

Il n'y a aucune distance entre les évènements qui se passent dans l'univers et l'absence de tout évènement, et par suite point de temps hors de l'univers.

Qu'il soit possible de réduire proportionnellement toutes les dimensions du cosmos et d'enfermer, suivant une expression familière, le monde dans une coquille de noix, tous les rapports étant demeurés les mêmes, nous ne nous douterons pas que le monde soit devenu plus petit. (Mais on ne saurait concevoir cela, le monde étant illimité, et l'illimité ne pouvant être saisi, même en imagination; cette supposition ne pourrait donc s'appliquer qu'à une portion de l'univers, et non à son ensemble).

Qu'il soit possible de même de réduire proportionnellement, non pas la durée de tous les faits (l'ensemble des évènements est infini dans le passé et dans l'avenir et ne saurait davantage être embrassé en idée), mais la durée d'une période aussi longue qu'on voudra, d'enfermer par exemple un siècle dans une seconde, rien ne nous avertira de cette abréviation des temps.

Et de fait, sans rééditer le conte arabe du *Dormeur éveillé*, pendant le sommeil duquel se déroule en quelques heures toute une existence imaginaire, chacun de nous n'a-t-il pas en maintes fois dans le rêve un exemple de la valeur purement relative du temps ? Il nous revient à ce propos une communication bien concluante, faite dans le courant de l'année 1888 à l'une de nos académies.

Un membre de cette société savante avait été reporté par son rêve à l'époque de la Terreur. Il est arrêté, emprisonné, puis traduit devant le tribunal révolutionnaire. L'accusateur public requiert, l'accusé se défend, les juges prononcent. Le condamné est conduit sur le lieu d'exécution, assujetti sur la fatale machine. Le couteau tombe, et notre savant se réveille, ayant sur le cou la flèche de son lit. Evidemment le songe lui avait été suggéré par cette chute et, comme d'autre part, la douleur avait dû réveiller immédiatement le patient, toutes ces péripéties s'étaient succédé entre l'instant où la sensation du coup était parvenue au cerveau et celui du réveil.

Il est temps d'arrêter ces développements et de conclure.

La force, qui est une, est donc pareillement infinie et éternelle, et ainsi s'expliquent la persistance de l'énergie et l'indestructibilité de la matière.

Aucune force ne se perd, aucune force ne se crée ; aucune parcelle de matière existante ne peut être anéantie, aucune nouvelle parcelle apparaître. La force est éternelle ; la matière est éternelle. L'esprit humain, qui puise ses idées dans les impérieux enseignements de l'expérience, ne saurait d'ailleurs concevoir le passage du néant à l'être, de l'être au néant, la création, ou la suppression d'un seul atome. C'est depuis longtemps constaté, mais nous avons maintenant la raison de cette loi. La matière est, non pas une portion, mais un mode de la force infinie. Or l'infini n'a pas de mesure. L'énergie, sous ses divers aspects, est donc insusceptible de plus ou de moins : sa quantité est nécessairement constante, de par son infinitude.

Elle est de même constamment agissante.

La distinction entre la force en puissance et la force en action est logomachie pure. Nous n'avons pas d'état de conscience correspondant à cette fiction de l'énergie potentielle. Nous ne pouvons nous représenter la force autrement que comme quelque chose qui agit ; si on essaye de séparer l'idée d'action de l'idée de force, cette dernière elle-même s'évanouit, sans laisser dans notre esprit aucun *résidu*. Ou la force est toujours active, ou elle n'est pas. Or, elle est.

Les prétendues énergies latentes, dont on tirait jadis argument, sont agissantes en réalité. La démonstration n'en est plus à faire ; bornons-nous à citer l'exemple classique de la chaleur sensible absorbée par un corps, en apparence disparue, et devenue mouvement moléculaire.

L'activité éternelle de la force, comme sa constance quantitative, ruinent l'hypothèse de la création, du moins au sens jusqu'ici attaché à ce mot. Bien d'autres avant nous, et mieux que nous ne saurions faire, ont démontré l'illogisme de ce concept d'un monde sortant du néant, de quelque chose naissant de rien. Au surplus nous aurons à y revenir.

Mais si l'erreur d'interprétation disparaît, le vrai sens du vocable se révèle.

L'univers est l'ensemble des corps, les corps sont des groupes de forces, et de forces en action, c'est-à-dire opérant actuellement. Un corps existe donc parce qu'en ce moment il est créé par l'énergie et il est créé pendant tout le temps qu'il existe. Si ce corps se transforme (et il n'en est pas un seul dans la nature qui soit pleinement identique à lui-même deux instants de suite), cette métamorphose est un changement dans le groupement ou dans le mode d'action des éléments dynamiques constitutifs, et il est évident que l'acte créateur continue. Conservation, développement, évolution impliquent création, ou plutôt tous ces termes sont synonymes : la genèse du monde est éternellement actuelle [1]. Bien plus, la destruction elle-même est un acte créateur, puisque la dissociation des atomes d'un corps est le prélude nécessaire de leur réintégration sous une autre forme.

L'un et l'autre se font par gradations insensibles : c'est ce qu'on a appelé la loi de continuité. *Natura non facit saltus* : la vérité de cet adage est de plus en plus confirmée par la science. On n'a jamais saisi, on ne saisira jamais le moment précis où tel mode de l'énergie passe à tel autre, où le mouvement devient chaleur, la chaleur électricité, l'électricité magnétisme, etc. ; non plus que l'instant de raison entre l'état antécédent d'un corps et son état conséquent, entre, par exemple, la glace et l'eau, l'eau et la vapeur ; entre la vie et la mort [2], pour prendre, parmi les

[1] Cette vue n'est pas pour effrayer un esprit religieux : la Genèse dit que Dieu a tiré le monde du chaos ; elle ne dit point qu'il l'ait tiré du néant.

[2] Nous parlons même de la mort de l'organisme, c'est-à-dire de la rupture du lien fonctionnel entre les diverses parties du

phénomènes, le plus impressionnant pour nous ; ou, considérant le plus grandiose, entre la nébuleuse et l'astre condensé.

La continuité de la force ne l'empêche point de présenter des alternances, régulières pour chaque catégorie de phénomènes, sous forme de *maxima* et de *minima*, de hauts et de bas. Toute force est rythmée. Comme la loi de continuité, celle du rythme a pris définivement place parmi les conditions fondamentales du cosmos.

C'est en vertu de la dernière que les divers modes de l'énergie se montrent sous forme de vibrations ou d'ondulations : telles les vibrations sonores, qui, d'après les mesures le plus probablement exactes, varient entre 16 et 38,000 à la seconde, et les ondulations lumineuses, dont le nombre s'échelonnerait depuis 498 trillions (couleur rouge) jusqu'à 727 trillions (couleur violette) ; — le tout, bien entendu, dans la limite des sons ou des couleurs perceptibles pour l'oreille ou l'œil humains.

corps. Quant à la mort de ces dernières, le lecteur savait déjà qu'elle est successive et peut embrasser un temps assez long : ainsi, les cheveux, la barbe et les ongles continuent à pousser sur le cadavre ; ainsi encore, les cellules lymphatiques ne cessent qu'au bout de vingt-quatre heures environ de présenter des symptômes vitaux.

Il est bon de s'entendre sur le sens de ce mot « ondulation » dans notre pensée. On sait que, pour expliquer l'action des forces sur nos organes, deux théories se sont jusqu'à ce jour partagé la faveur du monde savant : celle de l'émission due à Newton, et en vertu de laquelle les corps émettraient des fluides éminemment subtils, des « impondérables », — et celle des ondulations, professée par Descartes et par la plupart des physiciens modernes, théorie qui représente les vibrations des molécules des corps sonores, lumineux, etc., comme se transmettant à l'éther, lequel à son tour les communiquerait à nos sens.

Nous n'avons pas qualité pour trancher le débat, bien que toutes nos préférences soient pour l'hypothèse aujourd'hui classique. Cela est du reste sans grand intérêt pour la philosophie dynamique.

Si la théorie de l'émission doit avoir un retour de fortune, il sera bien entendu que ce qui est émis par les corps sapides, sonores, etc., ce sont des forces et non une « matière » plus ou moins subtile. Si la théorie des ondulations doit définitivement prévaloir, les phénomènes lumineux ou autres seront le résultat de vibrations communiquées par les corps en expérience aux forces ambiantes et se propageant par celles-ci jusqu'à l'observateur.

Ce sera une preuve de plus que le vide est une chimère et que la force occupe tous les points de l'étendue, sous des formes tantôt sensibles, tantôt inaccessibles à nos sens.

Nous avons déterminé les attributs primordiaux de la force : unité, infinitude, éternité, activité ; nous venons de constater son mode d'action ; nous pouvons maintenant la suivre avec plus d'assurance dans ses manifestations d'ordre divers.

CHAPITRE IV

Le Monde physique.

Certains métaphysiciens assurent, sinon que les corps n'existent pas, du moins qu'on ne peut être certain de leur existence. Le monde, disent-ils, est une fantasmagorie : on ne saurait affirmer sa réalité objective. Toutes les sensations se produisant dans la conscience, celle-ci n'a aucun moyen de savoir si les objets existent au dehors ou seulement en elle et si le cosmos n'est pas une illusion de l'esprit humain. Telle est, dans ses conséquences logiques, et malgré les protestations de quelques-uns de ses adeptes, la pure doctrine idéaliste.

Pour avoir ramené l'idée de matière à celle de force, les idées de temps et d'espace à celles de rapports entre les objets, irons-nous jusque-là ? Le lecteur a déjà répondu.

Diogène s'est borné à marcher devant les négateurs du mouvement ; de même, lorsqu'un de nos modernes éléates reçoit quelque heurt, il est bien près de croire à la réalité objective. On pourrait se contenter encore de dire : l'existence extérieure du monde, comme l'existence du sujet pensant, est un axiome ; elle ne se démontre pas, elle s'affirme. Heureusement nous pouvons nous dispenser de la poser en postulat. La preuve en est des plus faciles, et il suffit d'analyser, avec ces sceptiques mêmes, les données de la conscience.

Nous n'apportons pas en naissant un univers tout formé : cette idée du monde extérieur, d'abord rudimentaire chez l'enfant, s'organise peu à peu avec le développement des sens et de l'intelligence, c'est-à-dire avec le progrès et la mémoire des sensations. Si l'objet symbolisé par cette sensation n'est pas le moi, c'est nécessairement le non-moi; il y a donc une existence extérieure à nous, une existence objective.

Et la distinction se fait à tout instant dans la conscience. Quand mon souvenir se reporte à un évènement passé, quand ma pensée revient vers un pays jadis parcouru, si énergiquement que je me représente et le pays et le fait, au point de pouvoir les évoquer, les *voir* avec les yeux de l'esprit, je sais bien qu'ils ont existé hors de moi et que seule leur image est actuellement en moi, et non le fait ou le pays mêmes. Lorsque je vais vers un objet inconnu, dont je n'ai vu encore aucun similaire, je sens au contraire la nouveauté de l'impression reçue ; et si cette impression était uniquement la résultante d'opérations mentales, si le phénomène était uniquement en moi en puissance, il n'y aurait aucune raison pour qu'il se produisît à ce moment plutôt qu'à un autre; je l'aurais toujours connu. Quelle cause, en effet, hormis la présence extérieure de l'objet, provoquerait en moi une sensation nouvelle, les conditions internes du phénomène étant identiques avant comme pendant ?

Nos « subjectifs », désertant, et pour cause, le terrain de l'expérience, se réfugient sur celui de la métaphysique pure ; suivons-les jusque-là, malgré notre peu de goût pour ce genre de controverse.

Leur thèse est que l'étendue, corporelle ou incorporelle, est « une affection psychologique », que l'univers, corps et distances, « se passe en nous ». Nous savons déjà que cette thèse est à moitié vraie, mais elle ne l'est qu'à moitié. Les notions de distance, d'espace, d'étendue incorporelle sont en effet des relations que nous établissons entre les objets, et rien de plus. Toutefois, ces objets, autrement dit l'étendue corporelle, n'en existent pas moins, ou plutôt leur existence objective est la condition nécessaire de l'idée, purement subjective, d'espace.

Les propriétés de l'étendue corporelle sont, nous dit-on, inverses de celles de la force, et les contradictoires ne peuvent coexister en un même sujet. Or, la force est, donc les corps ne sont point.

La conclusion serait légitime, si les prémisses étaient vraies; mais la mineure de ce syllogisme d'aspect si rigoureux est des plus fausses.

On oublie d'abord de nous dire quelles sont ces propriétés prétendues contradictoires. Suppléons à ce silence, et disons qu'il s'agit évidemment encore de cette question de la divisibilité de la force, déjà rencontrée sur notre chemin. L'argument est donc celui-ci: l'étendue corporelle ne peut être conçue que comme divisible, et la force en soi ne l'est point; d'où contradiction dans la coexistence de l'une et de l'autre.

Nous ne reviendrons pas sur ce que nous avons dit (pp. 34 et suiv.) de la division, sinon du principe de l'énergie, du moins de ses effets. En ce qui concerne ces derniers, nous concédons, ou mieux nous affirmons nous aussi l'indivisibilité des éléments dynamiques. Chacun de ces éléments s'applique donc en un point inétendu. Mais cela empêche-t-il l'action d'autres éléments sur les points voisins, au sein de l'étendue? Non, à coup sûr. Loin que celle-ci soit contradictoire avec l'énergie, la voilà au contraire occupée, ou, pour mieux parler, constituée par elle, l'espace n'étant qu'un rapport entre les diverses manifestations de la force.

Nos contradicteurs ont dès lors à démontrer, d'abord que le cosmos est réduit à un seul point mathématique, ensuite que ce point *unique* réside dans la conscience de *tous* les êtres pensants. Bagatelle en vérité.

Les corps, l'univers ont donc une réalité objective; ce qui est purement subjectif, ce n'est pas même leur action (car celle-ci appartient à l'objet), mais seulement l'impression produite sur nous, la sensation en un mot. Et ces sensations peuvent varier et varient en effet suivant les espèces et les individus.

Pour un aveugle les couleurs n'existent point. Imaginons un malheureux frappé dès sa naissance de cécité, de surdité et de paralysie périphérique, il n'aura aucune connaissance du monde extérieur; les phénomènes sensibles n'existeront pas pour lui. Que la structure de notre cristallin se modifie notablement, et toutes les formes nous paraîtront changées. Pour les daltoniens, la gamme des couleurs est bouleversée. Les rayons ultràviolets du spectre solaire nous échappent et les fourmis les perçoivent. Pareillement, des odeurs à nous inconnues affectent le nerf olfactif de certains animaux et même des sauvages. Par contre, l'oreille de ces derniers est incapable, bien que percevant des bruits inaudigibles pour nous, de discerner, entre les notes musicales, les quarts de ton et même les demi-tons. La limite inférieure et la limite supérieure des couleurs, des sons, des saveurs, des odeurs perceptibles n'est même pas identique pour tous les hommes civilisés. Il serait facile de multiplier ces exemples, et on peut du reste se reporter à celui que nous avons donné (p. 29) d'une substance perdant successivement pour nous toutes ses qualités sensibles.

Mais, si la sensation est éminemment variable, elle est toujours, chez l'homme sain (car nous exceptons, bien entendu, les hallucinés), le signe de la réalité. L'erreur chez les sceptiques — s'il y a des sceptiques de bonne foi — vient d'un vice de langage. Le vulgaire considère à tort comme synonymes les mots de phénomène et d'apparence. Ce dernier a, ou du moins a eu deux sens. Il a signifié d'abord : ce qui se montre, *quod apparet*, et c'est le véritable sens de l'expression grecque τὰ φαινόμενα, laquelle a passé dans la langue philosophique et de là dans les sciences physiques ; puis apparence a voulu dire : ce qui semble se montrer, et il est devenu synonyme d'illusion. Or, nous craignons bien que, dans toutes les langues mises au service des philosophes à système, le vocable dérivé du grec n'ait suivi la même fortune et que les négateurs du monde objectif n'aient quelque peu exploité cette amphibologie du langage courant. Substituons, comme le recommande M. H. Spencer[1], le mot *effet* au mot apparence, et l'erreur se dissipera : l'effet supposant nécessairement la cause, on comprendra que le phénomène est la preuve de l'être.

Il y a plus : le phénomène est réel au même titre que l'être. Qu'est-il au fond, sinon le contact des forces émanant des corps, ou actionnées par eux, avec cette autre force qui est le sujet pensant ? Et ce contact est un fait, comme les corps sont en définitive des faits. Le fait corporel se passe hors de nous, au lieu

où se produit la rencontre des forces constitutives des corps ; le fait phénoménal se passe en nous, au lieu où les vibrations provoquées par les corps dans les forces ambiantes rencontrent l'être pensant. Le phénomène lui-même n'est donc pas purement subjectif, n'étant pas le produit exclusif du travail du sujet sur le sujet, mais le résultat de l'action du

[1] *Op. cit.*, p. 139.

monde externe sur ce dernier et de la réaction par laquelle il y répond. Une analyse attentive des faits de conscience, loin de faire évanouir le réel, fait donc apparaître deux réalités.

Et maintenant que nous nous sommes assurés de l'existence du monde, — nous en avions en vérité grand besoin! — demandons-nous ce qu'il est. C'est, disait-on jusqu'ici, le résultat des actions de la force sur la matière. L'idée de matière étant écartée, l'univers doit se définir simplement : l'ensemble des actions de la force.

Ces créations de l'énergie, nous les avons jusqu'à présent considérées dans leur généralité, et nous nous sommes convaincus de leur unité substantielle. En étudiant leur nature, on reconnaît qu'ils se divisent en trois grandes classes : les corps bruts, les corps organisés ou vivants, les êtres vivants et pensants.

En parlant des êtres en général, nous avons dit des premiers tout ce qu'il était utile d'en dire dans cette rapide esquisse du cosmos. Nous pouvons donc passer à la deuxième catégorie.

CHAPITRE V

La Vie.

De nombreuses et délicates expériences ont démontré que les organes des plantes et des animaux fonctionnent conformément aux lois de la physique et de la chimie. Les corps vivants sont le siège de phénomènes d'attraction moléculaire, de combustions, de combinaisons, d'analyses, etc.

Une certaine quantité d'électricité est accumulée dans chaque nerf et disparaît aussitôt que ce nerf accomplit la fonction à laquelle il est préposé ; la température d'un muscle varie suivant qu'il se contracte, qu'il travaille, ou non ; la provision d'électricité ou de calorique, épuisée par la fonction physiologique, est renouvelée par la nutrition ; celle-ci est l'absorption par l'organisme des forces (de la matière) que la digestion met à son service, la digestion est une véritable opération de chimie, et d'autre part la nutrition et la dénutrition ne sont qu'une forme des phénomènes physiques d'endosmose et d'exosmose.

Nous assistons donc ici à une nouvelle métamorphose de l'énergie. Non seulement les forces physico-chimiques passent des unes aux autres, le mouvement à la chaleur, l'électricité à la lumière, etc., mais encore elles revêtent dans les corps vivants, un nouvel aspect, celui de forces physiologiques concourant à la production de la vie.

La physiologie a fait sur ce point la lumière complète et nous n'y insisterons pas.

Mais cette modification de l'énergie dépend d'un ensemble de conditions dont bon nombre, il faut l'avouer, nous sont encore inconnues. Les forces physiques, arbitrairement mises en contact, n'aboutiraient certes pas au phénomène vital, sinon la vie aurait déjà surgi du fond de nos laboratoires.

Quelle est donc cette cause immédiate ?

Deux systèmes sont depuis longtemps en présence, avec des fortunes diverses. L'un, qui admet l'existence d'une force spéciale commandant aux phénomènes vitaux, après avoir été abandonné par la plupart des physiologistes, semble reprendre quelque faveur. L'autre voit dans la vie, non une cause, mais un effet, non un principe, mais un résultat ;

cet ensemble de phénomènes est dû uniquement, d'après lui, à une loi qui fonctionne aussitôt réunies les conditions nécessaires, en sorte que, la matière et les agents physiques se rencontrant dans ces conditions, la vie ne peut pas ne pas apparaître.

Les vitalistes invoquent le caractère très tranché des phénomènes vitaux et surtout la propriété fondamentale des organismes, qui est d'*absorber leur milieu*, de s'assimiler des forces étrangères, de s'accroître, non plus par juxtaposition, comme les cristaux, mais par *intussusception*. Cette propriété, suivant eux, est *autonome* ; elle est inhérente à tout corps vivant, par cela seul qu'il vit. Selon leurs adversaires, elle apparaît au contraire à la seule sollicitation des *stimuli* environnants et elle cesse avec ces excitations mêmes.

N'est-ce pas nécessairement, disent les vitalistes, une force particulière qui préside, au sein de l'embryon, à la séparation de celui-ci en cellules, à l'absoption des forces ambiantes qu'il va s'assimiler et assouplir à la loi de son développement, à la distribution des cellules primitives et des cellules adventices suivant un plan déterminé pour former la charpente de l'être futur, sans empiétement sur une espèce voisine? — puis à la formation des organes et à leurs relations harmoniques, sans trouble, sans hésitation, sans arrêt jusqu'à la mort, au fonctionnement en un mot, de ce merveilleux mécanisme ? — enfin à la production d'un germe semblable à celui dont est sorti l'être vivant et appelé à devenir le point de départ d'une nouvelle évolution vitale ?

L'action de cet agent spécial, ajoutent-ils, se manifeste d'une façon plus évidente encore, s'il est possible, dans les métamorphoses des insectes. Ici il ne s'agit pas uniquement de la conservation des formes, mais de la persistance d'un principe de vie et d'identité sous des formes extrêmement dissemblables et qui constituent cependant un seul et même être.

Enfin, toujours d'après eux, il est impossible d'expliquer la croissance, l'âge adulte, la vieillesse et la mort chez les individus sans la présence en eux de ce même principe, dont l'énergie grandit, se maintient quelque temps à son maximum d'intensité, puis décroît et s'éteint.

D'autre part, les molécules du corps humain, par exemple, se renouvellent intégralement en quelques mois ; notre corps est donc, à ce point de vue, toujours nouveau, c'est-à-dire, toujours jeune. Et cependant nous vieillissons ! Est-ce que la nutrition et par suite l'entretien se font moins bien, que dès lors, à chaque étape de la vieillesse, le nouveau corps est en décadence sur l'ancien ? Evidemment, mais pourquoi? Certains vieillards conservent leur appétit jusqu'au dernier jour, et les autres envient ces privilègiés. Ceux-ci en meurent-ils moins ? Si les autres veulent forcer leur alimentation, s'ils essayent de fournir à la combustion vitale un surcroît de matériaux, la nature se révolte et précipite la catastrophe qu'ils voulaient retarder.

De plus, chez tous, l'activité et par suite la déperdition sont moindres et leur décadence vient uniquement de ce que l'assimilation n'est plus suffisante. Mais, encore une fois, pourquoi, si ce n'est que l'agent directeur de cette fonction a perdu de son énergie, les conditions extrinsèques étant néanmoins demeurées les mêmes ?

L'hypothèse de cette force spéciale, répond l'école opposée, est purement gratuite, les phénomènes de la vie s'expliquant à merveille sans son secours.

Aucune observation, aucune expérience ne révèle dans les organismes d'autres forces que celles qu'ils se sont assimilées et qui se retrouvent quantitativement dans les diverses manifestations vitales, digestion, respiration, oxydation du sang, circulation, etc.

La cause de la vie est, non une force, mais

une loi, ou plutôt un ensemble de lois. Par elles, lorsque les forces inorganiques sont mises en contact dans de certaines conditions, elles subissent nécessairement la transformation en forces organiques et nécessairement aussi la vie apparaît; nécessairement, dans des conditions plus complexes, la vie évolue vers des formes supérieures ; nécessairement enfin, le corps vivant enfante le germe, et celui-ci se développe lorsqu'il rencontre, soit dans l'organisme (génération vivipare), soit au dehors (génération ovipare), les conditions nécessaires à son développement.

Quant à la croissance, à la décadence et à la mort des individus, il est tout aussi facile de s'en rendre compte.

En vertu, par exemple, de la loi qui régit les rapports de l'attraction solaire et de la force centrifuge, les planètes parcourent autour du soleil une orbite elliptique, avec accélération au périhélie et ralentissement à l'aphélie. De même, en vertu de la loi d'évolution vitale, les organismes, au début de leur existence, sont doués d'une grande activité, qui se traduit, sous l'influence du milieu ambiant, en faculté d'assimilation ; ils s'incorporent alors plus de forces qu'ils n'en perdent, et ils grandissent. Puis, l'équilibre entre la nutrition et la dénutrition s'établit, et c'est l'âge adulte. Enfin l'activité faiblit, la déperdition n'est plus compensée, le mouvement vital se ralentit et s'éteint par cela seul qu'il n'est plus entretenu : c'est la vieillesse et la mort.

Les antivitalistes argumentent encore des progrès de la synthèse chimique. On est parvenu en effet à obtenir en laboratoire, à fabriquer des substances jusqu'alors regardées comme des produits exclusivement organiques, l'alcool, l'urée, la glycérine, l'acide oléique, etc. D'autre part, l'homme a réussi à réaliser en certains cas les conditions, non pas encore de l'apparition de la vie, mais de son processus : l'horticulteur féconde artificiellement les plantes; l'éleveur modifie et crée même les races ; les couveuses artificielles font éclore les œufs et conservent l'existence à des enfants trop tôt venus et voués jadis à une mort certaine.

Le premier argument — disons-le sans vouloir prendre parti — ne suffirait pas à trancher le débat. En ce qui concerne les synthèses de la chimie, une seule conclusion est autorisée : un certain nombre de composés peuvent être indifféremment produits par les forces chimiques, que celles-ci soient dirigées par l'homme ou par la force vitale, si force vitale il y a. De plus, si la chimie — dirons-nous avec un maître de la science[1] — revendique à bon

[1] M. Berthelot.

droit aujourd'hui la création de certains composés organiques constituant eux-mêmes les éléments du corps vivant, « jamais le chimiste ne prétendra former dans son laboratoire une feuille, un fruit, un muscle, un organe ».

Sur le second point, il est vrai de dire que l'on est parvenu à réunir certaines conditions de l'évolution vitale, mais cela ne nous éclaire pas sur la nature de la vie.

Allons plus loin. Un jour viendra peut-être où l'homme connaîtra toutes ces conditions, les réalisera artificiellement et provoquera ainsi l'apparition de la vie, au moins sous ses formes les plus simples. Cela laissera toujours indécise la question de savoir si les forces physiques qui travaillent dans le corps vivant obéissent à un mode spécial de l'énergie universelle que l'on puisse nommer force plastique, force vitale etc., ou si elles se sont simplement transformées et distribuées en un groupe harmonique en vertu d'une loi qui a rencontré des circonstances favorables à sa manifestation. Et, pas plus dans l'un que dans l'autre cas — est-il besoin de le dire ? — nous n'aurons créé la force ou édicté la loi. Nous ne pourrons pas davantage les abolir. Nous ne serons point sortis du relatif, notre domaine, pour pénétrer dans l'absolu.

Les adversaires du vitalisme invoquent enfin la génération spontanée. Le lecteur sait combien sous leurs pas ce terrain est jusqu'à présent peu solide. Nous aurons à en reparler; en tous cas, ce que nous venons de dire nous dispense de nous y arrêter actuellement. La solution de ce problème — en la supposant possible — ne saurait jeter aucun jour sur la difficulté qui nous occupe : si la vie peut, dans de certaines conditions, apparaître spontanément, est-ce la manifestation d'une force voilée jusque-là et qui trouve alors le moyen de se faire jour ? — s'agit-il au contraire d'un groupement nouveau des forces amenées en contact ?

Mais enfin, qui donc a raison, des vitalistes ou des antivitalistes ?

Quelles que soient nos préférences, il est inutile de les exprimer, la réponse à la question étant indifférente à l'objet de cette étude. Si nous avons exposé avec quelque détail les deux systèmes, c'était pour montrer qu'ils s'accordent à considérer les phénomènes vitaux comme des résultats de l'action de l'énergie, pour en tirer une nouvelle démonstration de notre théorème fondamental, l'unité dynamique, et par suite l'unité substantielle. La quantité de l'énergie est constante (p. 63) D'autre part, rien ne sort de rien (p. 64). La force vitale, si elle existe, est donc de toute nécessité une forme de cette énergie universelle. A plus forte raison en est-il de même pour les forces physico-chimiques, qu'elles se tranforment ou qu'elles persistent *in specie* dans le processus vital.

La force première est la cause des corps vivants comme elle est la cause des corps bruts: c'est tout ce qui nous importe.

CHAPITRE VI.

Le Sujet pensant.

L'analyse du monde matériel nous a suggéré trois idées : les phénomènes, les êtres qu'ils nous révèlent, et la substance de ces êtres.

Si nous examinons maintenant ce qui se passe dans notre for intérieur, nous verrons reparaître aussitôt ces trois conceptions : le phénomène mental, ou la révélation que nous avons du moi et des divers états de ce moi ; le moi lui-même, ou substrat de la pensée, le sujet pensant en un mot ; et en dernier lieu, la substance de cet être que nous sommes. Non pas que la constitution intime de cette substance nous soit pareillement dévoilée ; à ce point de vue, celle-ci nous demeure tout aussi inconnue que la substance du non-moi. Ici encore — car nous sommes ramenés à la même formule chaque fois qu'il s'agit de l'absolu — nous ne pouvons savoir *ce qu'elle est*.

L'objet de ce chapitre et des suivants sera seulement de rechercher *qui elle est.* En d'autres termes, nous nous demanderons si elle est identique à la substance des forces créatrices de l'univers, c'est-à-dire à la force en son essence[1], ou si elle est autre; mais, dans l'un comme dans l'autre cas, répétons-le, nous n'avons pas la prétention de découvrir ce qu'elle est, *en soi.*

Le phénomène mental, la pensée, implique donc un support de ce phénomène. Sous la pensée il y a l'être pensant. C'est, avons-nous dit, l'évidence même, notre axiome premier.

Or ce sujet pensant est, de toute nécessité, ou identique en son être et en sa substance au corps humain, ou différent de celui-ci au regard de l'un et de l'autre, ou enfin il y a ici deux êtres distincts — nous ne disons pas séparés — dont la substance est commune.

Le quatrième concept n'est pas possible et impliquerait contradiction : les êtres procédant de la substance, le corps et ce qu'on appelle l'esprit ne pourraient constituer deux êtres de même nature formés de substances opposées.

Le premier point de vue est celui du matérialisme ; le deuxième, celui des spiritualistes; nous dirions que la doctrine panthéiste est

[1] Ce mot étant pris dans sa signification originaire, à savoir ce qui constitue le fond même de l'être.

fondée sur le troisième, si elle s'y était maintenue et si, partant de l'unité substantielle, elle n'avait, volontairement ou non, glissé peu à peu jusqu'à l'identité d'être.

Pour nous, commençons par étudier le phénomène mental ; prenons comme toujours l'observation pour point de départ et la logique pour guide et, quels que soient leurs enseignements et la solution à laquelle elles nous conduisent, dans cette question qui est peut-être la pierre angulaire de tout édifice philosophique, déclarons-nous prêts d'ores et déjà à nous incliner, sans souci des idées acceptées, des préjugés ou des systèmes.

Nous avons de nous-mêmes une perception aussi nette que du monde extérieur, et en outre beaucoup plus complète. Des corps en effet nous sentons uniquement la manière dont ils se manifestent, les effets qu'ils produisent sur nous ; par le sens intime au contraire, le sujet pensant perçoit directement son être, et même sa substance : il la *connaît*, s'il ne la *comprend* pas. Il sait, de science immédiate, sans effort préalable de sa pensée, qu'il existe indépendamment d'avec ses manières d'être, d'avec cette pensée même ; il a l'intuition immédiate de soi, sans avoir besoin de rectifier l'impression reçue comme il est obligé de le faire pour les sensations, source de tant d'erreurs corrigées par le raisonnement. Et c'est pourquoi, si l'existence de l'univers sensible a semblé dans une certaine mesure demander une démonstration, nous avons au contraire pu poser celle du sujet pensant, du moi, comme première assise de toute connaissance.

Il ne faut point cependant, abusés par une habitude du langage, confondre la conscience avec le moi lui-même. L'un est un individu, l'autre une propriété. La conscience est le deuxième attribut du sujet pensant, l'intelligence étant le premier. Elle n'est point ce sujet. La personne subsiste sous les variations de la pensée, l'être sous ses états divers. Toutefois, la conscience étant l'affirmation de l'être et se retrouvant à la base de toute manifestation mentale, nous pouvons continuer, comme on le fait communément, à prendre le signe pour la chose signifiée, la conscience pour la personne : nos raisonnements n'en seront pas moins légitimes ; mais nous ne perdrons jamais de vue le caractère conventionnel de cette manière de parler.

Veut-on une preuve de ce que nous venons de dire ? L'enfant dont l'intelligence commence à se développer parle de lui-même à la troisième personne. Il pense déjà et exprime sa pensée, et cependant il ne sait pas encore dire *je, moi* ; ces mots, quand on les prononce, n'éveillent en lui aucune idée et ce n'est que plus tard, quand il sera devenu lui-même conscient (en général vers la troisième année), qu'il en comprendra la signification et les répétera. Nous nous trouvons donc en présence d'un être intellectuel préexistant, antérieur à l'apparition d'une de ses facultés et qui, jusqu'à l'éclosion de celle-ci, se considère au même titre que les autres objets, parle de lui à la troisième personne.

Nous le savons déjà (v. p. 6), le moi n'est pas seulement une succession d'états de conscience indépendants les uns des autres, sans lien commun. Si la conscience varie, la substance pensante est identique. Je sais bien que j'étais moi il y a dix ans comme aujourd'hui, et je sais aussi que ce moi a subi divers changements dans sa forme intellectuelle, le fonds demeurant le même. Je pensais différemment il y a dix ans, mais c'était moi qui pensais. Bien mieux, je parcours toutes les phases de ces changements ; je puis me représenter, dans ma pensée d'aujourd'hui, ma pensée d'autrefois. Fait capital : l'homme a souvenir non seulement de ses sensations, mais de lui-même. Après la perception du moi, nous rencontrons la mémoire du moi, le sentiment de l'identité personnelle. *Et cela serait impossible si la personne était une* RÉSULTANTE ACTUELLE, *car elle ne pourrait que percevoir des états actuels de conscience.*

Elle serait peut-être, toutes choses égales d'ailleurs, susceptible des mêmes modalités, capable des mêmes pensées, mais incapable à coup sûr d'évoquer, *dans des conditions différentes*, les idées antérieures, de se souvenir. Et cependant l'évocation se fait à tous les instants, longtemps après la disparition des circonstances suggestives de ces pensées.

Il y a plus : si je fais intervenir ma volonté, si je veux par exemple, comme en ce moment même, me donner une preuve de mon pouvoir, je me reporte arbitrairement à telle ou telle époque de ma vie n'ayant avec l'époque actuelle aucune ressemblance, ni même aucune opposition tranchée (pour répondre à l'argument des suggestions antithétiques), — ramener à moi mes pensées d'alors, qu'elles soient semblables, dissemblables ou simplement indifférentes à celles que j'avais l'instant d'auparavant.

Encore une fois, sans la permanence de l'identité, tout cela serait impossible.

L'être pensant a de plus le sentiment invincible de son unité, de son indivisibilité. L'homme est capable de juger, d'abstraire, de généraliser, etc. ; mais il sait qu'il n'y a pas en lui un agent du jugement, un agent d'abstraction, un autre adonné aux généralisations, etc. Il sait que ce sont là tout autant de facultés de son moi, de pouvoirs appartenant à un seul et même individu. A cet égard, le témoignage de la conscience est irréfragable.

Si elle était muette sur ce point, il suffirait de connaître les conditions nécessaires au travail mental. Pas plus qu'un édifice ne peut s'élever sans une direction qui coordonne en vue de l'ensemble les efforts de chaque ouvrier, une opération de l'esprit, si simple soit-elle, ne saurait résulter de l'activité indépendante de divers centres intellectuels. La plus élémentaire de ces opérations, le rapprochement de deux idées et la constatation d'un rapport entre elles, c'est-à-dire la comparaison suivie du jugement, exige un sujet qui les perçoive toutes deux et les confronte en lui-même, les traduise en quelque sorte à son tribunal. Que dirons-nous du syllogisme, ou groupement du résultat de plusieurs comparaisons, de plusieurs jugements ? — du raisonnement, ou enchaînement de syllogismes ? — enfin de l'association de raisonnements nécessaires pour établir une démonstration, créer une théorie, formuler une doctrine ? Les innombrables anneaux de cette chaîne se souderont-ils tous seuls, et cette légion d'idées évoluera-t-elle vers un but commun sans un chef qui la dirige ?

Cet agent intellectuel, nous allons considérer d'autres manifestations de son activité et nous fortifier ainsi de plus en plus dans la conviction de son existence propre.

Toutes nos idées, nous l'avons vu (p. 3), nous viennent de la sensation, et nous sommes de ceux qui n'exceptent pas même les notions du beau, du vrai et du bien. Le monde moral nous apparaît à la sollicitation du monde physique. De savoir si ces idées correspondent à des réalités, si l'idéal en un mot est une vérité ou une chimère, ce n'est pas encore le moment.

Nous admettons encore que ces notions sont essentiellement variables selon les races et les temps. On le voit, nous acceptons sur ces points l'opinion de l'école dont nous serons tout-à-l'heure obligé de nous séparer, et l'on ne pourra, si le lecteur estime que la raison est de notre côté, nous accuser d'avoir choisi et circonscrit dans l'intérêt de notre cause le terrain du débat.

Mais comment expliquer cette genèse, si l'être pensant se borne à percevoir les sensations ou même à les conserver en lui? — s'il ne leur fait point subir une préparation, s'il ne les met en œuvre pour en dégager les rapports, en isoler les qualités qu'il découvre ou croit découvrir, et arriver ainsi, par voie d'abstraction et de généralisation, à concevoir les idées morales ?

Cette activité propre s'affirme avec une netteté particulière dans la volition. Suivons par exemple l'intelligence humaine dans sa marche vers la connaissance. Quelle admirable énergie elle déploie dans cette lutte, car ç'en est une incessante ! Elle doit lutter pour apprendre, lutter pour conserver ce qu'elle a appris, se débattre contre les difficultés extrinsèques et même contre sa propre infirmité. Et les joies du triomphe, est-ce une association d'états de conscience qui en savoure l'ivresse ?

Faut-il parler des âpres volontés dont l'histoire a gardé le souvenir ? Est-il nécessaire de rappeler les noms des grands capitaines ou, ce qui serait plus consolant, des inventeurs et des artistes fameux, des savants de génie ? Leurs noms sont sur toutes les lèvres et dans la mémoire de chacun les combats célèbres qu'ils ont soutenus contre les hommes et contre les choses.

Quittons maintenant cette élite et descendons dans les derniers rangs de la société, car l'énergique vouloir n'est pas le privilège des grands esprits. Nous y retrouverons sous mille aspects l'ardente poursuite du succès, si noble ou trop souvent hélas ! si vil que soit le résultat désiré.

Donc l'homme veut et arrive, dans la limite du possible, à réaliser sa volonté.

Mais ici nous rencontrons sur notre route le fatalisme. La volonté humaine n'est point libre, nous dit-il : elle est le résultat nécessaire d'une série de causes, en vertu de lois régissant le phénomène mental, comme d'autres — si ce ne sont les mêmes — commandent aux phénomènes physiques.

Et quand cela serait ? Cette volonté, si elle est fatale, en existe-t-elle moins ? Et si, une fois formée, elle persiste pendant des années, pendant toute une vie, tendant passionnément vers son but, renversant tout sur son passage quand elle est assez forte ou les obstacles assez fragiles, les tournant au contraire, se faisant souple, glissante, évoluant à travers les difficultés qu'elle ne peut aborder de front, suppléant par la ruse à la vigueur ? Est-ce un état conséquent qui recevra de l'état antécédent cet héritage de ténacité, sans un support commun qui serve — qu'on nous passe le mot — de *pont* entre les phénomènes successifs ?

Voilà ce qu'il importait d'abord de bien établir : que notre vouloir soit libre ou non, il ne peut être que l'attribut d'un être fortement organisé.

Mais le libre arbitre, si nous pouvons le constater, n'en viendra pas moins doubler la puissance de l'argument. Voyons donc ce qui en est ; c'est, comme toujours, l'expérience qui nous fournira la réponse.

Interrogeons d'abord la conscience.

Nous nous sentons libres, dans les limites où il nous est donné de nous mouvoir : tous les sophismes du monde ne prévaudront pas contre cette constatation. Quand je fais un geste intentionnel (nous parlerons plus tard des autres), je sais qu'il a dépendu de moi de l'accomplir ou de rester en repos ; je puis même suspendre le mouvement commencé et exécuter le mouvement contraire. Ainsi dans l'ordre moral. Quand je prends une décision, je sais qu'il n'eût tenu qu'à moi de ne pas la prendre ; j'ai assisté à ma propre délibération et je connais les motifs qui m'ont déterminé. En cédant à un penchant, et même à la plupart des *stimuli* physiques, nous reconnaissons que nous aurions pu résister ; en résistant, que nous aurions pu céder, *si nous l'avions résolu.*

Une objection est faite aux partisans de la liberté humaine. Dans l'ordre physique, leur dit-on, tout fait est la résultante de faits antérieurs et la cause, au moins partielle, des faits postérieurs. L'obéissance à la loi, c'est-à-dire en définitive l'enchaînement fatal des évènements, est la condition de l'harmonie universelle. N'en est-il pas de même dans l'ordre moral ?

Non, la succession nécessaire des phénomènes n'est pas le seul mode de manifestation de la loi. Cela est si peu vrai, que ce n'est même pas absolument exact pour le monde physique : l'enchaînement fatal des faits de notre univers est bien la condition de son harmonie *actuelle*, mais non celle de toute harmonie.

Très probablement, les divers effets physiques des innombrables volontés qui habitent à n'en pas douter cet univers — effets dont chacun en lui-même est infinitésimal — arrivent à se compenser, à se neutraliser par conséquent, et les conditions mécaniques du cosmos n'en sont point changées. Qui nous dit que les déplacements incessants de la force ne créent pas une sorte de solidarité entre les mondes, et la science ne tend-elle même pas à le démontrer ? Pour nous cantonner sur notre globe, n'y voyons-nous pas les échanges entre l'homme, les animaux, les végétaux et les corps inorganiques aboutir sans cesse à l'équilibre ? Or, du côté de l'homme tout au moins, la volonté joue un certain rôle dans la production des matériaux dynamiques de ces échanges.

En serait-il autrement, tous les actes physiques volontaires auraient-ils une résultante générale dans un sens ou dans l'autre, que sûrement une modification, si légère fût-elle, en résulterait dans l'équilibre des mondes. Si je lève le doigt, et que ce mouvement ne soit pas à l'instant compensé par une influence contraire, je déplace d'une quantité infinitésimale le centre de gravité de la terre, puisque je modifie la position d'une certaine portion de matière soumise à la pesanteur, et la route de notre planète sera déviée dans la même proportion. Les forces en jeu dans l'univers continueront à agir suivant leurs lois immuables, mais dans des conditions autres. Et l'harmonie ainsi modifiée ne cesse pas d'être une harmonie.

Quant aux effets moraux de la volonté humaine, ils peuvent — cela est incontestable — être des meilleurs ou des pires au point de vue de l'ordre également moral. Les grands forfaits ont maintes fois jeté l'humanité dans un trouble profond, si l'ébranlement causé a néanmoins fini par se perdre dans l'immensité de l'histoire, à mesure qu'on s'éloignait du foyer de désordre. De même, toutes proportions gardées, les actes de chacun de nous ont leur répercussion dans le milieu où nous sommes, et nous aurons l'occasion de revenir sur ce grave sujet quand nous étudierons la question du mal sous toutes ses faces. A ce moment aussi, nous nous demanderons si à l'harmonie ainsi dérangée ne succède pas une harmonie nouvelle, si, en d'autres termes, le mal demeure irréparé.

Quelles que soient ses conséquences dans le monde moral et même dans le monde physique — et avec la certitude que dans ce dernier cas, tout au moins, il s'agirait du changement de l'ordre et non point de désordre à proprement parler — nous avons à rechercher si la liberté humaine est ou n'est pas. Les faits ont déjà répondu ; ils vont nous répondre encore.

L'animal, le sauvage, ignorants de la morale ou peu accessibles à ses enseignements, ne pourront pas, pressés par la faim, ne pas manger les aliments à leur portée : leur détermination sera fatale. Sous le coup des besoins les plus intenses, l'homme dont l'éducation morale aura été suffisante pourra, à son choix, ou s'emparer du bien d'autrui, ou ne pas distraire une obole du monceau d'or dont il a la garde. S'il s'abstient d'y toucher, qui l'en aura empêché, sinon sa volonté, et sa volonté libre, plus forte que les exigences physiques les plus impérieuses ?

Pauló minora... Chacun de nous peut faire l'expérience qui consiste à supporter, jusqu'à ce qu'elle finisse d'elle-même, telle incommodité ou telle douleur faciles à soulager instantanément. Ne sera-ce point là un des cas, assez rares en somme, où la volonté se manifeste comme absolument indépendante ?

Voyons-la maintenant en collaboration avec les forces naturelles. Considérons par exemple les changements que l'homme fait subir aux races végétales ou animales, ou la production artificielle des phénomènes caloriques, lumineux, électriques, etc. Une expérience intéressante à ce point de vue est encore celle qui consiste, en faisant une piqure à l'œuf ou au fœtus, à contraindre la nature à créer un monstre. Il est vrai que cette même nature, en refusant la vitalité à l'être anormal ainsi obtenu, fait aussitôt rentrer dans l'ordre ce qui tendait par trop à s'en écarter, et nous offre une de ces compensations que nous cherchions tout à l'heure.

Enfin — et c'est la seule allusion que nous ferons ici aux théories du « déterminisme » et de la « liberté d'indifférence », ces deux déguisements du fatalisme — tout lecteur pourra se rappeler telle circonstance où les raisons de décider, où les influences, soit externes, soit internes, le sollicitaient également en sens divers, et où il a fait son choix, non point parce que l'impulsion était plus forte dans un sens, mais parce qu'après délibération, et même contrairement au penchant dominant, tel parti lui a paru préférable. On connait des êtres exclusivement « impulsifs » : ce sont les tout jeunes enfants, les animaux (point tous cependant) et les aliénés.

En ces derniers temps, on a voulu dresser la suggestion hypnotique comme une objection contre le libre arbitre. Mais il est, croyons-nous, démontré que l'individu tout-à-fait *mentis compos* et doué d'un système nerveux complètement sain, tout individu qui, pour employer le mot à la mode, n'est pas quelque peu névrosé, est réfractaire à la suggestion. Nous nous trouvons donc en présence de cas pathologiques, plus ou moins accentués, dans lesquels, en vertu de l'incontestable influence du physique sur le moral, un des attributs du sujet pensant subit une éclipse partielle ou totale, suivant la gravité de l'état morbide. Qu'on renonce donc, une fois pour toutes, à échafauder des théories philosophiques sur des exceptions.

Un mot suffira pour avoir raison de celle-ci : le pouvoir de l'opérateur sur le sujet n'est-il pas au contraire une preuve irréfragable de la volonté humaine? — volonté libre et spontanée, celle-là, s'il en fut!

En résumé, les phénomènes moraux sont, comme les phénomènes physiques, le produit d'un certain nombre de facteurs. Un de ceux-ci est la liberté humaine, si elle existe. La seule question était celle de cette existence. C'était une question de fait, à laquelle, redisons-le, pouvait seul répondre le juge du fait, l'expérience. Elle a parlé : que les systèmes s'inclinent.

Mais ne l'oublions pas : nous avons prouvé plus qu'il ne nous était demandé. La faculté de vouloir, même fatalement, implique l'activité propre du sujet pensant. Si la volonté est libre, la preuve est plus forte : voilà tout.

Cette liberté est-elle absolue ? Est-elle, suivant l'expression de l'École, un *merum arbitrium* ? Non, et cette exagération manifeste a donné beau jeu aux fatalistes. Dire que nos actions sont le résultat d'un pur arbitraire (pour traduire littéralement), contester les influences d'hérédité, d'éducation, de milieu, de climat, de nourriture même, c'est nier la loi au moment où on la subit.

Par contre, il faut être aveugle pour douter de la liberté *relative* de l'homme : c'est aussi se mettre en complète contradiction avec l'expérience.

Veut-on, en sens contraire, quelques exemples de ces appréciations outrées ? Nous allons les prendre dans l'œuvre de deux penseurs auxquels nous revenons de préférence, parce qu'ils nous semblent avoir donné la formule la plus complète de doctrines opposées.

M. J. Simon[1], après avoir reproché aux panthéistes de « refuser à Dieu le pouvoir de modifier sa substance, les lois du monde et les phénomènes » ajoute : « Ce que Dieu ne peut pas [dans le système panthéiste], l'homme le peut. Il introduit dans le tout un élément... qui ne dépend que du caprice humain ».

On serait, pensons-nous, bien embarassé de citer un cas de modification de la loi par le fait de l'homme. Ce que ce dernier peut changer, et encore dans des limites bien étroites, ce sont les conditions. Celles-ci ayant varié, les forces physiques, en vertu de la loi de direction du mouvement dans le sens de la plus faible résistance, et non pas contrairement à cette loi, suivent cette direction nouvelle, et alors apparaissent les phénomènes ainsi provoqués. Voilà la sphère du « caprice humain » ; elle est, comme nous venons de dire, assez restreinte.

« Etant libre, dit un peu plus loin le même maître du spiritualisme, je suis par définition l'*auteur unique* des phénomènes qui se passent en moi ». Où donc, hélas ! est la preuve de cette indépendance absolue ?

Ecoutons maintenant venir d'un autre point de l'horizon philosophique des affirmations tout aussi péremptoires :

« Il n'y a pas de volonté qui puisse domp-

[1] *Op. cit.*, p. 118.

ter les individus portés à la mélancolie, à la paresse, à la légèreté, à la vanité, à l'arrogance, à l'avarice, à la lubricité, à l'ivrognerie, au jeu, à la violence[1] ».

On n'accusera pas l'énumération d'être incomplète; mais on pourra peut-être se demander si elle est une plaisanterie ou une gageure contre le bon sens et l'observation quotidienne.

« Aucun homme, dit encore l'auteur, ne peut, par le seul effet de sa volonté, dominer un manque de courage inné ».

Nous ignorons si c'est vrai au pays du militarisme ; mais, sans remonter à ces deux terribles poltrons qu'on appelait Henri IV et Turenne, nous savons ce qui en est du plus fruste et du moins belliqueux de nos troupiers.

Disons-le pour la dernière fois : la vérité est entre ces extrêmes. Dans tout acte volontaire, même dans ceux accomplis par les malheureux atteints de prédispositions morbides, mais non véritablement aliénés, il y a une part de nécessité et une part de responsabilité variant toutes deux à l'infini : l'un ou l'autre élément peut donc être ou presque nul, ou égal à son antagoniste, ou tout à fait prépondérant.

L'activité propre de l'être doué de pensée est manifestée encore par les sentiments.

[1] L. Büchner, *op. cit.*, p. 495.

Laissons de côté ceux où la sensibilité purement physique peut avoir quelque part, comme l'amour, l'ambition, le goût des arts, etc.; mais prenons ceux qui sont, pour parler le langage courant, purement immatériels : la joie profonde du penseur devant une vérité enfin dégagée ou même entrevue; le plaisir que nous cause le récit d'une belle action accomplie à des milliers de lieues; la peine ressentie en présence d'un acte déshonnête qui ne peut avoir sur nos intérêts aucune influence, même la plus lointaine; l'amitié pour un homme dont nous ne pouvons rien attendre; la sympathie pour un beau caractère revêtu d'une enveloppe désagréable...... Que savons-nous encore? Quelle est dans tout cela la part de la sensation physique actuelle, et peut-on y voir autre chose que le travail de l'esprit sur lui-même, à l'aide des données acquises ?

Et les actes d'héroïsme ? Nous voyons heureusement tous les jours encore de ces sublimes révoltes contre la sensation qui font les martyrs du patriotisme, de la charité, de la science, de la religion. Ce n'est pas, que nous sachions, l'obéissance aux seules excitations physiques qui porte ces héros à lutter contre les plus puissants instincts, y compris l'instinct de conservation, et parfois— car aucune religion, aucune philosophie n'ont le privilège du martyre — sans l'espoir d'une récompense ultra-terrestre ?

Nous avons tout-à-l'heure nommé l'amour : est-ce à la sollicitation des appétits sensuels que l'on va renoncer à la possession de la femme aimée, si par exemple son intérêt le demande ?

Du reste, il n'est pas nécessaire de monter si haut : il arrive en effet à l'homme le plus grossier de sacrifier au devoir les besoins ou les désirs corporels.

On va dire : ce sacrifice, ces actes d'héroïsme, cette sorte de pathologie de l'intelligence (car, pour ces froids critiques des fiertés humaines, les plus nobles sentiments sont des maladies, comme le génie est une névrose), tout cela, c'est l'obéissance à un *stimulus* particulier, qui se trouve être en définitive plus impérieux que les autres. Cela est évident en effet, sous réserve de la part revenant au libre arbitre. Eh ! oui, à côté, ou mieux au-dessus des besoins physiques, il y a les besoins intellectuels ou moraux, et nous sommes heureux d'entendre les auteurs de l'objection le proclamer malgré eux. Nous l'avons même reconnu : les seconds sont les lointains descendants des premiers, par une genèse dont les étapes sont des siècles. Le problème était de savoir si cet enfantement s'est fait de lui-même ou s'il est l'œuvre lente et continue d'un agent déterminé, et la solution, nous aimons à le croire, n'est actuellement plus douteuse.

Nous ne pouvons ne pas dire ici un mot au sujet des rêves. Sans nous inquiéter de leur cause, nous nous bornerons à observer certains côtés du phénomène.

Il y a des rêves incohérents; ceux-là sont, à n'en pas douter, le résultat, médiat pour les spiritualistes, immédiat dans l'hypothèse matérialiste, de troubles physiologiques ; et, de fait, tout observateur attentif de soi-même les rattache aisément à un état morbide des nerfs, des organes digestifs, des voies respiratoires, etc.

Il y a des songes d'une netteté et d'un enchaînement étonnants. Leur point de départ, leur cause occasionnelle sont-ils les mêmes ? Encore une fois, nous n'avons pas à nous prononcer. Mais fussent-ils provoqués par un incident physiologique, leur développement ne révèle-t-il pas l'action d'une force particulière, maîtresse d'elle-même ? Une fois l'impulsion reçue, ne se déroulent-ils pas dans un ordre logique, indépendant de l'état du sujet ? Quand une succession raisonnable d'évènements se poursuit dans le rêve, est-ce qu'à chacun d'eux correspond, avec une rapidité parfois prodigieuse (voir l'exemple cité page 62), une modification du processus vital, provoquant autant d'états de conscience distincts ? Quelle merveilleuse coïncidence, et combien de fois renouvelée dans l'existence d'un homme !

A cela le matérialisme répond par le brocart populaire : tout songe est mensonge. Cette échappatoire, fort habile, ne saurait tromper personne, car il ne s'agit pas de la signification des rêves, mais des conditions du phénomène.

La pensée trouve donc en elle-même la plupart de ces conditions ; elles ne lui sont point fournies, actuellement s'entend, par la sensation.

Parlerons-nous de la suggestion hypnotique et du somnambulisme ? L'étude méthodique de ces faits, si longtemps relégués dans le domaine des fables, est encore trop récente et trop peu avancée pour ne pas nous astreindre à notre réserve habituelle.

Il nous serait cependant facile dès à présent de tirer du simple exposé des résultats acquis des inductions suffisamment concluantes.

De toutes parts à la question posée les faits ont répondu. L'être pensant existe, l'intelligence est son attribut ; essayons maintenant de découvrir sa nature.

CHAPITRE VII.

Matérialisme et Spiritualisme.

Faut-il accepter l'opinion des matérialistes et dire avec eux : le sujet pensant, c'est le corps humain, ou plus exactement le cerveau de l'homme ? Reprenons chacune des manifestations de l'être intellectuel et cherchons si elles sont compatibles avec cette manière de voir.

1° *Conscience.* — « Il est évident, dit M. L. Büchner sous un aphorisme de La Mettrie [1], que la matière, considérée comme telle, ne pense pas plus qu'elle ne sonne les heures; mais elle pense et elle sonne dès qu'elle se trouve dans des conditions telles que la pensée ou la sonnerie en résultent comme des fonctions ou modes d'activité ».

[1] *Op. cit.*, p. 325.

Le lecteur sera sans doute tenté de répondre à ce bel argument par un sourire. Nous sommes tenus à plus de révérence. Nous avions pensé jusqu'ici que c'était l'horloger qui « sonnait les heures » *à l'aide* de la « matière » ; mais nous serions impardonnable de ne pas confesser notre erreur.

Voici qui est plus sérieux, croyons-nous.

Quand je dis *moi*, parlé-je de mon corps, de mon cerveau ? Je sens que ce cerveau est l'organe de ma pensée et, si l'on veut, l'habitat de mon intelligence, mais c'est tout. Recourant à l'un des procédés familiers à l'esprit humain, je puis abstraire, isoler ma pensée de l'organe où elle réside, sortir de cette demeure et la contempler de loin. En un mot, mon cerveau, qui est à moi, mais qui n'est point moi, est pour ma pensée un *objet* au même titre que tous les autres. Or, essayons de faire la conception contraire, et nous en reconnaîtrons tout de suite l'impossibilité. Je ne puis, quelque puissance d'abstraction dont je dispose, sortir de ma pensée[1] et la considérer comme étrangère à moi ; dire, comme je l'ai dit pour le cerveau : ma pensée est à moi, elle n'est pas moi. Je ne puis pas plus l'objectiver qu'objectiver mon être : ils se confondent absolument. J'ai d'une part dans la conscience une idée de différence, et de l'autre une idée d'identité.

Et je suis en somme si distinct de ce corps,

[1] Ce terme étant pris ici au sens de faculté pensante.

de cet organe, que moi, conscient de moi, j'ignore au contraire à peu près tout ce qui se passe en eux! Je ne sais pas que le sang et les autres humeurs y circulent, que mon corps est fait de tissus différents, que mon cerveau est la racine ou le sommet des nerfs, et même que j'ai des nerfs et un cerveau! Je l'ignorerais du moins, si lès enseignements d'autres hommes ou si mes sens ne me l'avaient appris, mais comment? comme ils me rendent compte des objets extérieurs; car je n'ai point vu cela en moi, mais bien chez des individus semblables à moi. Je me connais par intuition, par la vue directe de moi-même; je ne connais mon cerveau que par induction, par un raisonnement d'analogie. La pensée, simple forme nous dit-on, connaîtrait la pensée, et la substance pensante ignorerait la substance pensante! Comment le matérialisme concilie-t-il cette antinomie?

2° *Identité du moi. — Mémoire.* — Au bout d'un certain temps, de quelques mois selon les uns, de quelques années suivant les autres, les atomes corporels sont entièrement renouvelés (on sait que cela équivaut à dire que les centres de force de l'organisme ont cédé la place à d'autres éléments dynamiques); et cependant l'identité du moi persiste. Le souvenir, attestation de cette identité, survit non seulement aux organes qui ont reçu l'impression et l'ont transmise, mais encore à l'organe central qui l'a recueillie et qui seul, dans l'hypothèse matérialiste, pourrait la conserver.

Or, si la pensée était une simple propriété des forces organiques renouvelées et non l'attribut d'un être permanent, elle ne pourrait jamais avoir que des objets actuels, l'état du cerveau se modifiant d'une seconde à l'autre. Seule, la sollicitation immédiate d'une sensation pourrait la faire naître, et la mémoire des faits, la mémoire du moi lui-même seraient impossibles, comme aussi le rappel des idées précédemment acquises et que l'on voudrait faire entrer dans la trame d'un raisonnement. Du coup, voilà tout progrès arrêté, et l'homme n'aurait jamais dû dépasser son premier ancêtre. Et cependant nos contradicteurs pensent avec nous, ont dit avant nous que toutes les idées ont pour origine des sensations soit actuelles, *soit antérieures.*

Ils assimilent, il est vrai, l'identité « apparente » du moi (apparente, ô conscience !) à l'identité des traits du visage à des époques différentes.

C'est faire une image et non un raisonnement, encore moins une preuve.

Et l'image est des plus fausses. Dans un cas, une forme persistante recouvre un fonds variable, car les molécules corporelles se remplacent incessamment ; dans l'autre au contraire, le même fond affecte des formes changeantes, et nous avons fait de ces variations senties, perçues, la base de notre démonstration du sujet pensant.

Si l'on tient à une comparaison de ce genre, il serait plus juste de se représenter cet être, toujours identique à travers les états provoqués par les influences externes, comme un fluide dont les éléments demeurent les mêmes sous les dispositions variées que leur imposent les récipients qui délimitent leurs surfaces. Mais quelle utilité de matérialiser une conception si nette en chacun de nous ?

Veut-on méconnaître l'invincible témoignage de la conscience, et soutenir contre toute possibilité (v. ci-après) que la pensée est une « forme du mouvement » et le sentiment de la personnalité une illusion produite par des états « homologues » successifs ?

Allons jusque-là ! Des vibrations semblables produiront à chaque instant dans la « conscience de la matière » une illusion analogue à l'illusion précédente. Et après ? Comment cette dernière conscience, aussi fugitive que les premières, évoquera-t-elle les états divers de celles-ci, alors que tout sera anéanti, et ces états et les consciences qui les ont perçus ? Ne voit-on même pas que, dans cette mesure restreinte, la similitude, à défaut de l'évocation, serait encore impossible? Ces vibrations identiques exigeraient d'abord des conditions absolument pareilles, et ces conditions ne se rencontrent jamais deux fois dans la vie d'un homme.

Les maitres du matérialisme ont une valeur intellectuelle, possèdent des connaissances que nul ne songe à contester, que nous saluons en tout cas avec respect. Sont-ils disposés à sacrifier à leur système ce don précieux et ces richesses laborieusement acquises, ou préféreront-ils renoncer à incliner les faits devant leurs théories? Car enfin — comment ne le comprennent-ils pas, ces savants qui se réclament du progrès? — ces théories sont inconciliables avec tout progrès et même avec toute connaissance.

3° *Unité et indivisibilité du moi.* — Dans la paralysie partielle (hémiplégie), le malade demeure capable de volontés relatives à la partie de son corps devenue insensible. Il peut encore vouloir un mouvement de cette partie, mais ne saurait l'exécuter. Si cet homme a actuellement une pensée concernant une région dont les nerfs sont incapables de lui transmettre aucune excitation sensorielle, cette pensée n'est donc pas la résultante des sensations actuelles !

Il y a plus : la moitié du cerveau se trouve de même paralysée, et néanmoins l'intelligence demeure entière ; celle-ci est donc distincte du cerveau !

On répond par la théorie de la suppléance : quand un des hémisphères cérébraux devient inapte à remplir ses fonctions, nous dit-on, celles-ci sont accomplies par l'hémisphère demeuré sain, et cela paraît-être en effet. Mais quelle meilleure preuve que le cerveau est l'instrument de l'être pensant, et non cet être même ?

Nous avons parlé plus haut des divers pouvoirs de l'esprit humain : mémoire, abstraction, jugement, imagination, etc. Si ces facultés étaient autant de mouvements des circonvolutions cérébrales, où l'on prétend qu'elles sont localisées, la conscience, contrairement à ce qui se passe, nous révèlerait la présence dans notre cerveau d'autant de sujets pensants qu'il y a de propriétés intellectuelles. Nous reviendrons du reste sur cette localisation des fonctions de l'encéphale.

Si la pensée était un attribut de la matière, il y aurait autant d'êtres pensants qu'il y a d'atomes cérébraux. Comment ces myriades de pensées, naissant à tout instant sur des myriades de points divers, pourraient-elles se fondre en une pensée unique ? Nous parlera-t-on encore de « résultante » ? En vérité, c'estun mot bien complaisant. Qu'un raisonnement soit en un certain sens la résultante d'un ensemble de jugements, et chaque jugement la résultante de deux ou plusieurs idées, passe encore. Mais il faut toujours aboutir aux éléments de la pensée, aux composantes en un mot, et arrivés là, nous défions bien les matérialistes de retrouver dans ces concepts élémentaires, indécomposables, la part de chaque atome.

Dira-t-on qu'il ne s'agit point de combinaison, mais du degré d'énergie d'une force née de forces associées. Qu'importe ? Les forces-mères, dans l'hypothèse, sont distribuées sur une étendue, et dès lors la même idée sera, si faiblement que l'on veuille, conçue en même temps par tous les atomes de l'organe ou tout au moins par ceux d'une même circonvolution. Et comme les états de conscience se succèdent avec une rapidité prodigieuse, l'idée se sera d'abord modifiée dans chacun de ces centres sans nombre, instantanément, à la même infinitésimale fraction de seconde, sans retard d'un atome sur un autre, sans qu'aucun d'eux prenne le change, malgré l'infinie variété de leurs conditions respectives. D'autre part quelle serait la raison d'être de ces légions de sujets pensants ? S'ils pensent tous de même, au même moment, un seul suffit : lequel ? et où le place-t-on ?

Enfin, si non plus chaque quartier cérébral, mais chaque cellule ganglionnaire est préposée à la production d'une idée déterminée (et on peut remarquer chez les défenseurs du matérialisme une tendance à l'admettre), que devient l'idée une fois renouvelée la cellule ? Et puis — faut-il le répéter à satiété ? — ce n'est pas une partie de moi qui pense telle chose, et une autre partie telle autre ; c'est moi tout entier qui conçois l'une et l'autre idée.

En dernier lieu, comment concilier ce nouveau système avec la théorie prérappelée des suppléances, professée par les mêmes auteurs ?

4° *Idées morales.* — Nous avons montré les idées du vrai, du beau et du bien extraites en quelque sorte des sensations par le sujet pensant, à l'aide de cette merveilleuse faculté qu'il a d'isoler les qualités des objets. Est-il nécessaire de prouver l'incompatibilité de ce pouvoir avec l'extrême mobilité des éléments cérébraux ? Insister serait faire injure au lecteur.

Objectera-t-on les variations de l'idéal suivant les races et les époques ? Mais ces changements ne sont point soumis à la courte périodicité des renouvellement corporels. Les idées dont il s'agit sont à peu près fixes chez les individus d'une même nation ou d'un même âge historique et évoluent seulement avec une grande lenteur au sein des sociétés humaines.

Ce qui démontre la perfectibilité de notre intelligence et confirme en définitive, loin de la contredire, l'existence, au sein de l'organisme, d'une force douée d'aptitudes spéciales.

Une dernière observation sur ce point.

Si la pensée était sous la directe dépendance des énergies physiques, plus intenses seraient celles-ci, plus grandioses ou plus profondes seraient les conceptions idéales ou abstraites, et c'est au sein des peuplades primitives que surgiraient les puissants génies.

5° *Volonté et libre arbitre.* — La volonté humaine, avons-nous dit, est douée d'une surprenante vigueur. Ce vouloir tenace, cette résolution que rien parfois ne saurait ébranler seraient certes impossibles s'ils étaient l'attribut d'un organisme incessamment modifié : apportés et remportés aussitôt par le torrent vital, ils revêtiraient la forme d'un caprice éphémère.

D'autre part, il n'est pas vrai, comme le soutient le matérialisme, que les facultés dépendent exclusivement des conditions de temps, de race, de climat, de nourriture, etc. Elles n'en dépendent même pas principalement. Ces influences jouent un rôle souvent considérable, mais jamais prépondérant. Les grands talents, dans toutes les branches de l'activité intellectuelle, se sont rencontrés chez tous les peuples, dans tous les temps et dans tous les lieux. Ce qui est exact, c'est de dire que les circonstances extrinsèques leur impriment un certain caractère, leur donnent une allure particulière ; mais ils se forment en dehors d'elles.

En outre, on les a vus surgir à chaque degré de l'échelle sociale, sans distinction de fortune, de caste et même d'éducation.

Les plus grands parmi les grands hommes sont ceux qui, suivant l'expression consacrée, se sont faits eux-mêmes, qui sont parvenus par la seule vertu d'une indomptable volonté aux sommets de la science ou des arts, à travers des difficultés sans nombre et des misères sans nom ; qui, bien loin d'être le produit du milieu, ont eu à le combattre et l'ont dominé.

Et l'on viendrait nous dire encore — car on l'a dit — que la prédominance de telle ou telle faculté est le résultat de l'altitude, de la température, de l'état hygrométrique de l'air, des vents dominants, des quantités de phosphore, de carbone ou d'azote introduites dans l'économie par l'alimentation ! A ce compte, le phosphore étant donné comme la « matière de l'intelligence », les peuples qui se nourrissent de poisson, les Esquimaux et les Fuégiens par exemple, seraient les plus intelligents des êtres. Et pourquoi pas les poissons eux-mêmes? En vérité, on a quelque honte à s'attarder à ces enfantillages.

Cependant, encore une fois, nous ne nions pas ces influences. Nous disons avec le bon sens et les faits que les âmes fortes savent s'en affranchir quand cela est nécessaire. Que les autres, que la masse d'une nation y obéisse, nous ne le contestons point, et nous ne saurions même y trouver à redire. Un peuple pris *in globo* n'a aucun intérêt à ce genre de lutte et le plus souvent y risquerait son avenir. Chez le plus grand nombre, cet abandon, fût-il raisonné, est donc légitime.

La même conclusion revient encore : une volonté durable ne saurait être l'apanage de notre encéphale, et si, comme nous croyons l'avoir établi, cette volonté est libre, l'impossibilité devient encore plus évidente. Nos contradicteurs l'ont si bien compris, que la fatalité est le premier dogme de leur catéchisme.

6° *Sentiments*. — Comme les idées esthétiques et morales, comme la volonté, les sentiments durables sont contradictoires à la conception d'un organe pensant d'une essentielle instabilité. Nous ne fatiguerons pas le lecteur en nous évertuant à le prouver. Notons seulement en passant les besoins, les aspirations d'ordre moral, alors que tous les besoins physiques sont satisfaits; rappelons même l'antagonisme de certaines affections passionnelles avec les exigences corporelles les plus impérieuses, les supplices affrontés, la vie sacrifiée, et demandons-nous une fois de plus où est ici l'influence de la sensation, et — entendons-nous bien — de la sensation actuelle.

7° *Rêves ; hypnotisme.* — Durant le sommeil, la vie du cerveau est considérablement ralentie, que l'organe soit anémié par suite d'un moindre afflux sanguin, ou qu'il soit au contraire comme paralysé par une sorte de congestion. Et cependant, les songes sont souvent d'une intensité qui révèle une vie mentale particulièrement active.

Quant aux phénomènes d'hypnotisme, nous avons donné la raison de notre réserve. Il est évident toutefois que les faits constatés par les maîtres de la science, après un sévère contrôle, s'allient difficilement à la conception d'une pensée « matérielle ».

En résumé, comme l'effet à la cause, toutes les facultés de l'intelligence se relient à l'unité, à l'identité permanente et à l'activité propre du moi, à qui ces trois attributs essentiels sont révélés par la conscience. Il s'agissait donc avant tout, pour les matérialistes, de faire tomber ce témoignage, c'est-à-dire de donner de ce phénomène premier une explication sur laquelle ils pussent asseoir leur doctrine. Or, nous formons bien sincèrement un souhait : c'est que quiconque cherche de bonne foi à éclaircir ses doutes lise ce qui a été écrit par les tenants de ce système en vue de transformer le sentiment de la personnalité en illusion pure. Nous le disons avec tristesse — car il est affligeant d'être contraint à une telle appréciation quand il s'agit d'hommes de cette valeur — mais nous ne saurions le taire, la vérité ayant des droits imprescriptibles : il est difficile d'imaginer quelque chose de plus pauvre, de plus vide et de plus obscur que cette argumentation renouvelée des pires logomachies de la scholastique, où des mots torturés et péniblement assemblés tiennent la place des idées et des démonstrations absentes. Et, pour finir, nous devons une confidence au lecteur. Quand vint pour nous l'heure, qui sonne tôt ou tard pour chacun, où l'esprit ne peut plus résister au besoin de faire l'inventaire et la critique de ses croyances, c'est par ces lectures que nous avons commencé. Elles ont suffi, et point ne fut besoin d'entendre la voix des adversaires : c'est surtout aux maîtres du matérialisme que nous devons notre conviction de l'existence de l'âme.

En désespoir de cause, ils ont donné le jour

à une thèse nouvelle, ou plutôt ils ont essayé de rajeunir de vieilles théories. Tout comme les forces physiques, disent-ils, la pensée est une simple forme du mouvement.

Cette théorie — nous l'avons indiqué déjà (v. pp. 48 et 49)—est arbitraire, même en ce qui concerne les phénomènes physiques. En faisant à ses partisans les plus larges concessions, il sera facile d'établir mieux encore son insuffisance pour l'explication du phénomène mental.

Qu'un nerf sensitif, le nerf optique si l'on veut, transmette au cerveau, sous forme de vibrations, l'impression reçue; que les vibrations sympathiques des globules ganglionnaires où il aboutit produisent chez le sujet pensant la sensation lumineuse et lui donnent ainsi connaissance de la forme et de la couleur des objets, cela paraît démontré. Que ce mouvement ne s'éteigne pas tout de suite et persiste sous une forme affaiblie pendant un temps plus ou moins long, c'est encore admissible. Qu'enfin une quantité considérable de ces mouvements, images d'autant d'objets divers, puissent se juxtaposer et durer simultanément, soit dans le nerf, soit dans les centres nerveux, malgré la circulation vitale et en se transmettant de l'atome qui s'en va à celui qui arrive, c'est à la rigueur possible, bien que nous soyons ici, en l'état de la science, dans le domaine absolu de l'hypothèse; un faisceau nerveux, une simple cellule même, dont les proportions nous semblent si restreintes, pouvant très bien, eu égard à l'infinie divisibilité de la matière (de la force), admettre une série très nombreuse de courants dynamiques parrallèles. Rien d'impossible par conséquent, du moins en théorie, à ce que mille et mille mouvements, résidus d'autant de sensations, persistent dans les cellules cérébrales et que le souvenir, par exemple, soit en réalité la perception par l'être pensant de tel ou tel de ces mouvements affaiblis, au moment où il arrête son attention sur eux et évoque dans sa conscience l'image des objets disparus. Que l'on explique encore de cette manière le travail de l'imagination, l'esprit associant dans cette même conscience deux ou plusieurs des mouvements persistants et se composant ainsi une sorte de sensation purement subjective, nous y consentons encore, malgré la difficulté, et on voit si nos concessions vont loin. Bref, il pourra en être de même pour tout acte mental qui se rattache à des idées concrètes, à la représentation d'objets physiques, même arbitrairement créés, en un mot à tout ce qui pourra recevoir une figure.

Mais les idées purement abstraites, en quoi l'hypothèse leur est-elle applicable ? Quel genre, quelle association, quelle combinaison, même infinie, de vibrations de la « matière » pourra leur donner naissance? Le mouvement de l'idée de beauté se fait-il de droite à gauche ou de gauche à droite? Celui de l'idée de justice, de haut en bas ou de bas en haut? L'idée du vrai se meut-elle en cercle ou en droite ligne? Combien faut-il d'ondulations à la seconde pour représenter le sentiment de l'orgueil ou la vertu de charité? Il serait vraiment trop facile de multiplier les questions et par trop long d'attendre les réponses.

Les auteurs de la théorie veulent-ils qu'on leur concède encore cela? Soit: toutes les idées, tous les sentiments, tous les faits psychologiques sont des mouvements de la « matière cérébrale ». Reste la conscience, c'est-à-dire l'être qui assiste à tous ces faits, perçoit toutes ces vibrations d'un genre nouveau. Nous avons établi qu'il ne peut être le cerveau lui-même; il est donc autre! Et en outre, en admettant que les centres nerveux aient conservé leur aptitude à reproduire telles de ces vibrations, si lointaines qu'elles sont comme effacées, où est le *stimulus*? Quelle main tient l'archet sous lequel la fibre cérébrale résonnera assez fortement pour produire le phénomène de mémoire, à ne parler que du plus simple? Où est enfin le *point fixe* vers lequel doivent, de toute nécessité, converger ce nombre infini d'ondulations pour qu'elles soient coordonnées et que la pensée puisse se produire? De toute évidence, ou l'hypothèse est gratuite, ou elle conduit elle aussi à la constatation de l'être pensant.

La donnée matérialiste ne peut donc s'accorder avec aucun des phénomènes mentaux, et l'expérience ordonne de la rejeter. L'esprit diffère du corps en sa nature propre; ce sont deux êtres distincts.

Diffèrent-ils de même par leur substance, et devons-nous accepter la thèse spiritualiste? En d'autres termes, le principe constitutif de l'âme est-il autre que celui des forces composant le corps humain, dans notre conception de la matière et de l'énergie, c'est-à-dire autre que la force en son essence? Et cette âme, créée spécialement dans cette vue, vient-elle de l'extérieur prendre, à un moment donné, possession du corps destiné à lui servir d'habitat pendant la vie terr stre? La réponse à cette dernière question impliquera virtuellement la solution de la première.

On s'étonne vraiment qu'en présence des progrès des sciences physiologiques et de la psychologie elle-même, cette thèse rencontre encore tant et d'aussi éminents soutiens, et nous soupçonnons fort la salutaire terreur des suites dégradantes du matérialisme d'être pour beaucoup dans cette louable mais vaine persistance. La vérité dût-elle aboutir à cet attristant résultat, qu'il ne servirait de rien de s'insurger contre elle.

L'âme — il faut bien le reconnaître — s'élabore jour par jour au sein de l'organisme humain, où elle *commence* avec la vie, avant même la naissance par conséquent. Il est impossible de saisir un instant de raison entre deux états de l'être humain à ce point de vue, de constater une exception à cette loi de continuité à laquelle obéit le monde. A quel moment, en effet, l'homme devient-il si différent de lui-même ? A quel moment se produit cette prise de possession, cette « animation » comme dit l'Ecole ?

Est-ce à la conception ? Mais ses mystères sont maintenant pénétrés, et cet acte est successif comme tous les actes ; il faudra donc choisir l'un de ses temps, et lequel ?

Est-ce pendant la gestation ? Les enseignements de l'embryogénie ne permettent pas de s'arrêter à cette hypothèse. L'embryon humain reproduit successivement dans son évolution les formes inférieures de la série animale : il est tour à tour embryon de zoophyte, de mollusque, d'articulé et de vertébré, et l'on sait que les transformistes voient dans ce processus un tableau abrégé et une preuve de l'évolution des espèces depuis l'infusoire jusqu'à l'homme. Or, arrêtons par la pensée à l'un de ses stades cette évolution du fœtus vers les formes supérieures; supposons qu'au lieu de devenir homme il se développe en rayonné, en annélide, en poisson, en reptile, en oiseau. L'un des êtres ainsi obtenus sera-t-il pourvu d'une âme semblable à l'âme humaine? Évidemment non.

Est-ce à la naissance? Mais, sous le rapport intellectuel, l'enfant d'un jour ressemble en tout au fœtus de neuf mois.

Est-ce enfin pendant la vie? Encore une fois, qu'on nous dise à quel instant précis! D'ailleurs aucun de ceux qui ont assisté à l'éclosion graduelle de l'intelligence chez l'enfant n'oserait le soutenir.

N'oublions pas en effet que le développement de l'esprit et celui du corps sont parallèles. L'esprit croît, lui aussi; comment, si on accepte la thèse du spiritualisme, comprendre son accroissement? L'âme, étant dans cette opinion l'antithèse du corps, ne saurait lui emprunter les éléments de ce progrès, et alors où les puisera-t-elle?

D'autre part, leur union intime, à l'aide de laquelle les spiritualistes eux-mêmes expliquent leur influence réciproque, est, dans ces conditions, absolument inconcevable. Il est difficile en effet d'entrevoir les points de contact. Et cependant ils existent nombreux ! La corrélation entre la perfection de l'intelligence et celle de l'organisme cérébral, les troubles de la pensée, la folie en un mot, survenant à la suite des accidents pathologiques du cerveau et bien d'autres faits encore ne permettent aucun doute sur ce point, et ce doute personne n'a pensé à le formuler.

Nous voici donc invinciblement amenés à la troisième des seules conceptions possibles (v. p. 88). L'âme humaine n'est point l'être corporel ou l'une de ses parties ; la substance première de l'un et de l'autre est toutefois identique.

CHAPITRE VIII

Ame et Cerveau.

Qu'est-ce donc que l'âme ?

Elle est, elle aussi, une force, un mode de l'énergie. L'analyse des opérations de l'esprit nous impose la même conclusion que celle des phénomènes physiques ; elle nous contraint à proclamer une fois de plus l'unité fondamentale du monde, comme elle nous offre une démonstration nouvelle de notre théorème premier, les transformations dynamiques.

Nous connaissions en effet jusqu'ici deux catégories de ces transformations, les forces physiques et les forces vitales (ou *la* force vitale, si l'on adopte cette doctrine). L'âme ne rentre ni dans l'une ni dans l'autre de ces deux classes : tout ce que nous venons de dire de son activité propre et de l'incompatibilité de ses facultés avec les conditions de l'être corporel l'a prouvé surabondamment. Nous assistons donc à une nouvelle métamorphose : la coopération des agents dits naturels dans une direction et suivant un plan donnés fait apparaître la vie et, au point culminant des manifestations vitales, chez l'homme, l'intelligence brille de tout son éclat, — étant réservée la question de savoir si elle est notre privilège ou si elle se révèle, à des degrés divers, chez d'autres êtres vivants. La vie procède des forces physiques, l'âme procède de la vie.

Elle n'est pas la vie elle-même, et sur ce point nous nous séparons de l' « animisme ». Cette doctrine identifie en effet l'âme intellectuelle et la force vitale. D'après les animistes, c'est l'âme qui discipline et dirige les forces physiologiques et leur fait ainsi accomplir leurs fonctions variées. Il nous semble superflu de montrer combien il est difficile de se la représenter comme le régulateur et en définitive la cause des phénomènes vitaux, respiration, digestion, circulation du sang, nutrition, etc. ; car cet ordre de manifestations manque de deux caractères essentiels de l'activité spirituelle, la volonté et surtout la conscience. Ces fonctions diverses s'exécutent malgré nous et pour la plupart à notre insu. Dira-t-on que c'est là un mode de cette activité inconsciente dont nous parlons plus loin ? Les actes de l'esprit dits inconscients sont des actes trop peu accentués pour que la conscience ou plutôt la mémoire soit mise en éveil, et il n'est pas possible que des faits aussi énergiques et aussi continus lui échappent. Dans l'ordre physique, il est vrai, l'âme n'a pas ou ne conserve pas la conscience des mouvements automatiques, machinaux ou habituels, mais précisément parce qu'elle n'y a point de part.

Etant écartées les deux hypothèses que l'âme est identique au cerveau et qu'elle y pénètre du dehors, étant enfin démontré qu'elle se constitue peu à peu aux dépens de l'énergie vitale, il ne reste plus qu'une explication possible de sa naissance, de sa formation : c'est que, par une sorte de sublimation, les forces organiques lui abandonnent, dès le début le plus lointain de l'existence humaine, une partie d'elles-mêmes.

Ces éléments, qui ne sont pas retournés à la *circulation dynamique*, subissent une intégration particulière, s'individuent plus complètement encore que ceux d'où résultent les corps chimiquement simples (v. p. 28), se fondent en une force unique, toujours active comme toutes les forces, mais douée d'une absolue résistance à la dispersion, c'est-à-dire au renouvellement, douée aussi d'une infinie délicatesse. C'est là en effet la caractéristique de ce nouvel état; et c'est pourquoi l'âme, pour naître et se développer, n'a pas à emprunter une *quantité* bien considérable des forces vitales : il ne s'agit plus ici de puissance mécanique, mais de l'épanouissement suprême de la sensibilité, lequel ne peut avoir lieu que dans des conditions données, réalisées précisément au sein des organismes supérieurs. En vertu d'une loi dont le mécanisme nous demeurera toujours caché, comme celui de toutes les lois, la force, l'être ainsi constitué acquiert donc ces sublimes attributs qu'on appelle l'intelligence et ses diverses facultés. Où les puise-t-elle? Nous le verrons plus tard.

Telle est la manière dont nous sommes amenés à nous représenter la genèse de l'âme, puisque toute autre hypothèse est condamnée par l'expérience et par la raison. On nous le concèdera sans difficulté : c'est pour le moins aussi compréhensible que la « matière pensante » ou « l'esprit » métaphysique. L'unité substantielle embrasse à la fois le matériel et l'immatériel : les esprits et les corps dérivent les uns et les autres du principe caché de l'énergie, reconnaissent une seule et même cause, quelle que soit celle-ci, et la chaîne des existences se déroule ininterrompue au sein de l'éternel cosmos.

Il nous reste, pour justifier cette conception, à la soumettre au critérium par lequel doivent passer les hypothèses avant d'être acceptées comme des certitudes, à rapprocher les faits de la théorie et à montrer avec quelle facilité s'expliquent maintenant des phénomènes que nous avons vus en tant d'occasions résister aux interprétations du matérialisme et des spiritualistes eux-mêmes.

Toutes les facultés de l'esprit se rattachent, ainsi que nous l'avons déjà remarqué, à trois attributs primordiaux, l'unité, l'identité et l'activité propre du moi, d'où découlent la conscience, la mémoire, le jugement et les autres propriétés de l'être intellectuel.

Or l'identité de cet être résulte clairement de la permanence de ses éléments constitutifs, soustraits à la circulation.

Quant à son activité, elle est impliquée par son caractère dynamique : une force, nous le savons, est nécessairement active (v. p. 63).

Sa formation à l'aide d'une série d'alluvions apportées par le fleuve vital (nous ne trouvons pas d'image plus exacte) fait-elle obstacle à son unité indivisible ? Nullement, et il sera facile de s'en convaincre, car nous retrouvons ici, sous une nouvelle face, une question déjà familière, celle de la division et de l'indivision de la force. Reprenons-la en quelques mots.

L'accroissement ou la diminution d'une force peuvent être considérés abstraction faite de l'idée de division, de réduction en parcelles, en fractions distinctes. On peut évidemment les envisager aussi à ce dernier point de vue, lorsque, par exemple, un courant dynamique est partagé ou plusieurs autres dirigés sur des lieux différents de l'espace, ou encore lorsque des atomes, des centres de force, se rapprochent pour former un corps. Mais souvent aussi il s'agit de l'augmentation ou de l'affaiblissement, *sur un même point*, de l'intensité de l'énergie. En d'autres termes, des éléments nouveaux (cette expression est peut-être impropre, mais nous devons la conserver pour être mieux compris) venant renforcer un premier élément *de même substance* se confondent nécessairement avec lui, et la résultante de tous ces éléments, siégeant, s'exerçant en un même lieu de l'étendue, qui peut n'être qu'un point mathématique, est *indivise* de par la loi même de sa formation. Nous avons employé à dessein le terme mécanique de « résultante », car il rend un compte exact du phénomène ; mais il n'en est pas de même de celui de « composantes », qui peut prêter à une équivoque; aussi ne l'emprunterons-nous pas pour désigner les éléments dynamiques de l'âme. La résultante en effet n'a pas, à justement parler, de composantes : elle n'est pas une force complexe, provenant de la combinaison de plusieurs autres, comme on se représente un composé chimique naissant de la combinaison de plusieurs corps simples, dont les atomes, dans l'opinion commune, conservent leur individualité et s'unissent seulement d'une manière étroite avec des atomes différents ; elle est elle-même simple et une, car les forces improprement nommées composantes ne se sont point *combinées* ainsi pour la produire, mais se sont *transformées* en elle, ce qui est tout autre chose. Et encore faut-il s'entendre sur le sens de ce mot transformation. Nous ne saurions trop y insister : cette métamorphose n'est qu'un changement de *qualités*. Une force physiologique perd certaines propriétés, en acquiert certaines autres et devient ainsi force psychique ; mais au fond, elle est demeurée identique à elle-même ; elle est, *comme substance*, ce qu'elle était. Quand deux parties d'oxygène et une partie de carbone sont unies pour former une molécule d'acide carbonique, il y a toujours dans ce nouveau corps du carbone et de l'oxygène, — du moins suivant les idées reçues, car il est possible qu'ici encore la substance demeure seule invariable et que les caractères fondamentaux de la différenciation de ces deux corps disparaissent pour un temps comme ses caractères secondaires, apparents et sensibles (v. p. 41). Si au contraire on ajoute une force de deux kilogrammètres à une force d'un kilogrammètre, il n'y a plus deux forces associées équivalant à trois kilogrammètres en totalité, mais bien une force unique dont la puissance se mesure par trois kilogrammètres : c'est en effet une question de mesure, de degré, et non à vrai dire de quantité, cette dernière idée étant en général associée à celle de dimension ou d'étendue, tandis que l'idée de force en est indépendante. L'action de la pesanteur sur un gramme de plomb représente la même somme d'énergie que celle s'exerçant sur un gramme d'hydrogène, bien que cette dernière substance occupe à poids égal un espace cent vingt mille fois plus grand.

En résumé, les atomes sont des centres d'énergie d'intensité constante; ce sont des points inétendus, dont la juxtaposition au sein de l'étendue forme les corps (v. p. 35). L'âme est un centre d'énergie d'intensité variable, doué de propriétés différentes de celles des centres « matériels » et variables d'autre part suivant les individus; elle est inétendue comme les atomes corporels. De là vient que les corps, réunion de centres dynamiques, sont divisibles et que l'âme, centre unique, ne l'est point. Si bien que l'image souvent employée, à savoir que l'homme est un atome pensant, se trouve être l'expression rigoureuse de la vérité.

On comprend maintenant que la force-âme, bien que constituée aux dépens des forces vitales, en soit entièrement distincte. Ces dernières — disons-le pour la dernière fois — ne se sont pas combinées pour la produire, mais ont revêtu *une forme* nouvelle, *ont passé* à une force d'autre nature, *sont devenues* cette force, qui demeurera simple, une, susceptible d'accroître son énergie par l'assimilation d'éléments adventices, mais indivisible par rapport à l'étendue tant qu'elle n'aura pas elle-même subi une transformation rétrograde.

Pendant la vie — cela est établi par le sentiment de notre identité et de notre unité — elle échappe à cette métamorphose. La subit-elle ensuite? Autrement dit, l'âme est-elle soumise à la mort? Retourne-t-elle soit à la forme force vitale, soit à la forme force physique? Ce n'est point encore le moment d'aborder ce grave problème.

Après avoir assisté à la transmutation des agents naturels les uns dans les autres, puis à celle de ces forces en agents physiologiques, nous avons dû confesser que, si le phénomène était certain, sa cause nous échappait complètement, que le *comment* de la nature était un des modes de l'incompréhensible. En constatant que l'âme procède des forces organiques, nous nous heurtons, quant au processus intime de cette genèse, au même irréductible mystère. Ceux-là seuls pourront s'en irriter et nous sommer de le dévoiler, qui auront d'abord sondé les arcanes de l'absolu, qui nous auront tout au moins montré le mécanisme des autres transformations, par eux-mêmes reconnues. Jusque-là, ils voudront bien nous permettre de dire après eux : *Non possumus*[1].

Si nous ignorons comment le fait s'accomplit, nous savons où il se passe. Nous avons mis à nu l'erreur de ceux qui disaient : l'âme, c'est le cerveau. Mais l'observation, l'expérience nous obligent à dire maintenant : le cerveau n'est pas seulement l'organe de l'âme,

[1] L'embryon humain contient-il le seul germe des forces organiques, ou bien le principe de la force psychique, provenant des mêmes parents, s'y trouve-t-il déjà déposé? Autrement dit, l'esprit engendre-t-il l'esprit, comme la vie engendre la vie? En l'état de nos connaissances, il paraît impossible de répondre avec certitude à une question dont la solution éclairerait d'un jour si vif celle de l'hérédité morale. L'affirmative ne peut être encore qu'une hypothèse, en faveur de laquelle on a le droit d'invoquer cette présomption de l'hérédité ; en tous cas, rien dans les données de la physiologie, n'y fait obstacle.

au sens étymologique du mot (ὄργανον, instrument), son ministre, son serviteur, il est aussi son *lieu de naissance*, le creuset où elle s'élabore. Il est évident en effet que, si l'âme naît au sein du corps humain, si elle n'y pénètre pas du dehors, c'est là seulement qu'elle peut prendre naissance. Là aboutissent l'activité, la force nerveuses ; là par conséquent la partie non dépensée de cette force doit subir la transformation psychique.

Il n'est donc pas sans intérêt de résumer ce que l'on sait de la constitution de cet important organe[1].

A l'œil nu, l'inspection du cerveau humain révèle l'existence dans sa masse de deux matières diversement colorées : la substance grise et la substance blanche, la première occupant principalement la périphérie, et la seconde la profondeur. Par un repli de la membrane qui l'enveloppe (la dure-mère), l'encéphale est partagé en deux hémisphères ; plus bas siège le cervelet, et enfin du cervelet part la moelle épinière qui descend jusqu'à la base du tronc et d'où se détachent divers fais-

[1] Nous ne nous occuperons pas ici du système ganglionnaire proprement dit (grand sympathique), composé de centres nerveux parsemés dans l'intérieur de l'organisme, reliés entre eux et même, en certains points, au système cérébro-spinal, présidant aux fonctions de la vie végétative, et où siège peut-être la force vitale, s'il y a un agent de cet ordre de phénomènes.

ceaux nerveux, ramifiés eux-mêmes dans tout le corps. Le cerveau proprement dit est sillonné de nombreuses circonvolutions, analogues comme aspect aux replis intestinaux.

Vu au microscope, l'encéphale présente une quantité prodigieuse de filets nerveux, aboutissant à des cellules ou globules ganglionnaires en nombre également incalculable. Chaque cellule reçoit un ou plusieurs de ces filets et en émet un certain nombre qui la relient aux cellules voisines. Toutes ces fibres nerveuses sont l'épanouissement ou, si l'on préfère, les racines des nerfs distribués dans tout l'organisme et aboutissant soit à sa surface, soit à l'intérieur des muscles.

Un nerf est constitué par un groupe de ces fibrilles, dont la description anatomique serait fort intéressante mais sortirait de notre cadre. Les nerfs sont reliés en faisceaux; à l'intérieur d'un même faisceau, les uns sont préposés à la transmission des impressions externes, lesquelles, portées au cerveau, y sont perçues par le sujet pensant et transformées en sensations, — et par une loi remarquable cette sensation est toujours reportée à l'extrémité extérieure du nerf excité ; les autres sont les organes de la volonté ou même de l'activité inconsciente; à leur sollicitation, les muscles se contractent et exécutent les mouvements.

Les premiers sont dits nerfs sensitifs et les seconds nerfs moteurs.

L'action nerveuse, dont les nerfs sont les conducteurs, a pour points de départ les *appareils terminaux*, impressionnés par les excitations externes, ou bien les *centres nerveux* (cellules de la substance grise), qui répondent à ces excitations par l'*acte réflexe*, phénomène fondamental auquel peuvent toujours se ramener les manifestations dont l'appareil encéphalique est le siège et le moyen.

Cette fonction si importante de la substance grise a fait dire à quelques matérialistes qu'elle était la véritable substance pensante. La seule conclusion autorisée par l'analyse du phénomène mental et de l'acte physiologique correspondant, c'est qu'elle est spécialement chargée de transmettre d'abord à l'âme les matériaux de la sensation et de traduire en actes physiques la volition, *quand il y a lieu*. En effet, toutes les sensations ne sont pas suivies de mouvements : un grand nombre, la plupart peut-être, sont en quelque sorte emmagasinées pour servir plus tard à l'élaboration de la pensée. D'un autre côté, beaucoup d'actes volontaires ne sont pas précédés immédiatement d'une sensation, et il en est ainsi surtout de la majorité de nos pensées. Cela seul suffirait à prouver que derrière la substance cérébrale existe une force indépendante, personnelle, agissant à son heure et à son gré.

Cette même analyse, poursuivie au cours des chapitres précédents et de celui-ci, démontre de plus que la force psychique, tout en prenant naissance *dans* le cerveau, n'est pas engendré *par* lui : l'effet serait dans ce cas, contrairement à toutes les lois connues, hors de proportion avec la cause, car l'encéphale ne pourrait transmettre à l'âme qui naîtrait de lui les propriétés dont il est dépourvu, à savoir l'intelligence et les facultés qui la caractérisent.

Au fond — demanderont peut-être ceux dans l'esprit desquels des thèses aussi spécieuses que fausses auront jeté quelque confusion — au fond, où est la différence? Où donc, demanderons-nous à notre tour, est la différence entre l'artiste et son outil, entre l'ingénieur et ses machines? Il n'y en a point, si le tableau est indistinctement l'œuvre du peintre ou celle du pinceau et des couleurs, si les travaux les plus gigantesques sont dûs indistinctement aux esprits qui les ont conçus ou aux engins par eux employés.

L'âme sort de l'encéphale comme la statue se dégage du marbre sous le ciseau du sculpteur, comme le mouvement naît au sein d'une machine à feu. Le ciseau n'a point créé le marbre et conçu l'idée artistique, la machine s'est bornée à transformer la chaleur, ou plutôt ces transformations ne sont point leur œuvre, mais bien celle de l'être intelligent qui les réalise par leur moyen. Avant d'être l'instrument des fonctions de l'âme, le cerveau est celui de sa création. Il est le ciseau, il est le mécanisme ouvrier. Qui est l'ingénieur? Où est le statuaire? Questions que nous nous poserons plus tard; car, au point où nous en sommes, nous ne savons même pas s'il est ou non possible d'y répondre.

L'âme, une fois constituée dans le milieu cérébral, y trouve à la fois son aliment et son organe.

C'est d'abord le cerveau qui, en lui communiquant les impressions externes, lui fournit, avons-nous dit, les matériaux de la sensation et par suite des idées, celles-ci étant filles de celles-là; en tant, bien entendu, que ces idées se rapportent au monde extérieur, au non-moi. C'est donc encore le cerveau qui donne à la pensée ses *formes*, sans lesquelles elle demeurerait indéterminée et que l'âme ne saurait puiser en soi-même[1]. Abstraction faite du

[1] Ainsi, le cerveau ne nous fournissant que l'image incomplète d'une sphère (car nous n'en voyons jamais les deux faces que *séparées*, même lorsque nous la regardons devant un miroir), nous n'avons pas la notion exacte de cette figure géométrique;

non-moi, il ne lui resterait qu'une forme de pensée, la conscience de soi. Grâce à son contact avec le dehors et à la perception des effets produits par ce contact, la conscience voit se réaliser en elle les formes dont nous parlons, et pour ainsi dire à l'infini. Isolée au contraire, elle ne pourrait avoir qu'un objet, à savoir elle-même, et, *rien ne se passant alors en elle*, toute autre idée lui échapperait.

Nous avons eu personnellement connaissance d'un cas où s'est manifesté d'une manière frappante ce rôle *formateur* des cellules encéphaliques. Nous n'hésitons pas à publier cette observation, qui paraît au premier aspect si favorable à la thèse de nos contradicteurs, et nous montrons ainsi combien nous sommes assuré d'être dans la vérité.

Un jour, au milieu de son travail, un de nos amis se sent tout à coup saisi d'une véritable incapacité mentale. Il lui est devenu impossible d'assembler deux idées ; toute pensée semble, comme il nous le disait lui-même, s'être cris-

nous n'avons pas, dans la conscience, la représentation complète et *simultanée* de tout son pourtour. Seul, le raisonnement nous donne de cette figure une idée *symbolique;* mais cette idée elle-même, nous ne pourrions l'avoir s'il ne nous était permis d'examiner successivement toutes les faces de la sphère, et elle serait encore moins définie si le toucher n'intervenait pas pour la préciser quelque peu.

tallisée. Une angoisse, que l'on comprend de reste, commençait à s'emparer de lui. A ce moment, il éprouve une sensation de fraîcheur inaccoutumée et s'aperçoit que, contre son habitude, il était demeuré tête nue. Il se couvre, et tout aussitôt ses facultés se réveillent. Pendant qu'il était découvert, le froid avait ralenti le mouvement du sang et produit soit une congestion, soit une anémie cérébrales ; puis, la négligence réparée, la circulation avait repris son cours et la nutrition s'était rétablie. Or, durant son interruption, les globules ganglionnaires n'avaient pas ou avaient mal fonctionné ; l'instrument n'obéissait plus; les images qu'il était chargé d'apporter du dehors ou de reproduire devant le moi, sur l'évocation, à la sollicitation de l'âme elle-même, n'avait pu se former ; dès lors les idées corrélatives ne pouvaient naître ou revivre, et la pensée demeurait nécessairement sans forme, indéterminée. L'âme n'était point abolie pour cela, puisqu'elle sentait son impuissance, en souffrait, s'en effrayait et était consciente de sa souffrance et de son effroi ! Elle ne consistait pas dans un état passager de la matière cérébrale, puisqu'elle a pu renouer, à travers cette période, le fil brisé et reprendre sa pensée, son travail où elle les avait laissés, bien mieux, se rendre compte de la cause de son malaise et y remédier !

En dehors de ce cas de paralysie momentanée de l'ensemble des facultés, on a cité des éclipses plus ou moins longues de la mémoire, consécutives à un refroidissement de la tête. Ici encore l'explication du phénomène est facile pour nous, impossible pour le matérialisme. On a constaté en effet que tous les troubles de l'intelligence, qu'ils reconnaissent une cause morale ou une cause physique, débutent par la perte ou tout au moins par des perturbations de la mémoire : c'est la première période de toutes les maladies mentales, soit qu'elles aboutissent à l'aliénation, soit que leur marche puisse être enrayée. Dans le cas qui nous occupe, l'influence d'ordre pathologique, à savoir l'action du froid, n'est pas assez intense pour amener l'arrêt complet et durable des fonctions cérébrales, mais seulement une inhibition partielle, dont le premier symptôme est tout naturellement l'amnésie. Ce qui est maintenant tout à fait incompréhensible dans l'hypothèse matérialiste, c'est la renaissance de la mémoire après une suppression de plusieurs jours ou de plusieurs mois. Comment les globules cérébraux reproduisent-ils, une fois guéris, un état provoqué jadis par des circonstances disparues ? Comment surtout, les conditions génératrices faisant défaut, cet état se manifeste-t-il au sein de globules renouvelés par la circulation, s'il n'est point évoqué par un être distinct des cellules du cerveau ?

Ceci dit pour les objets du non-moi, il faut encore aller plus loin et reconnaître que sans le cerveau, c'est-à-dire sans un moyen de connaissance de ce non-moi, la connaissance de l'être pensant par soi demeurerait elle-même confuse et indistincte. En effet, elle ne saurait se préciser, c'est-à-dire se délimiter, sans comparaison avec les idées qui lui viennent du dehors, qui servent de limites et par suite de détermination à l'idée du moi.

L'encéphale, en tant qu'instrument de l'activité mentale, paraît soumis dans une certaine mesure à la loi de la division du travail. A quelques-unes de ses parties semblent être confiées des opérations déterminées : ainsi, les mouvements se coordonnent dans le cervelet; une région du cerveau proprement dit est préposée à la formation du langage; il est certain d'autre part que les nerfs auditifs, optiques et en général tous ceux, sensitifs ou moteurs, d'où dépendent les diverses ordres de sensation ou d'expression aboutissent en des lieux différents de l'appareil cérébral. Mais toutes les tentatives pour pousser plus loin ces localisations, pour y soumettre notamment les actes purement *internes* de l'âme, jugement, abstraction, généralisation, imagination, etc., ont jusqu'à présent échoué et — nous ne craignons pas de le dire — sont destinées à demeurer à jamais stériles. Cette opinion n'est pas la nôtre : elle émane des maîtres de la physiologie. Elle est au surplus confirmée par ce qui se passe chez les sujets atteints d'hémiplégie. A moins d'admettre que chaque faculté possède une case dans chacun des hémisphères du cerveau (ce que l'on n'a pas encore tenté de démontrer), comment, dans ce cas, expliquer la conservation par le malade de tous ses pouvoirs intellectuels en même nombre sinon au même degré ? D'où il suit que seuls les sensations et les mouvements, c'est-à-dire les *fonctions*, sont localisés, mais non les *facultés* ; que les circonvolutions cérébrales sont uniquement pour l'âme des instruments d'investigation ou d'exécution, instruments variés, qu'elle prend et quitte tour à tour selon ses besoins. Or — est-il nécessaire de le dire ? — la distinction est capitale. Et c'est pourquoi nous reprenons hardiment la comparaison sur laquelle les matérialistes ont tant et bien à tort exercé leur ironie : les circonvolutions, les cellules et les fibres nerveuses du cerveau sont semblables — mais combien supérieures par la complexité et la délicatesse ! — aux cordes d'un instrument de musique, qui ne sont pas l'âme de l'artiste, la pensée musicale, mais servent à la traduire et sont même indispensables pour qu'elle se détermine, pour que l'artiste puisse la concevoir nettement.

Quant au rôle de l'encéphale en tant qu'agent d'exécution, nous n'avons pas à y insister, cela étant de toute évidence et tout le monde étant d'accord là-dessus.

En résumé, le cerveau est à la fois la matrice de l'âme, son unique moyen de relation avec le monde extérieur, le moule en quelque sorte de la pensée et enfin l'organe de ses manifestations.

On comprend dès lors l'extrême importance de cet organe et combien son intégrité et sa sa santé sont, non pas utiles, mais nécessaires à l'acte mental; combien par exemple les troubles dans la nutrition des cellules, consécutifs à l'absorption de certaines substances vénéneuses, peuvent influer sur les facultés, soit en surexcitant, soit en enrayant les fonctions cérébrales, soit enfin en en dérangeant l'harmonie.

Le tort des spiritualistes — et en cela ils ont donné beau jeu à leurs adversaires — a été de ne pas oser accorder au quadruple rôle du cerveau la place qui lui appartient; celui des matérialistes, d'avoir au contraire laissé absorber par lui leur attention, au point de pénétrer jusqu'à l'âme sans l'apercevoir.

Par ce qui vient d'être dit s'expliquent les phénomènes observés chez certains animaux à la suite d'ablation partielle de l'encéphale, et même chez l'homme à la suite de traumatismes. Les mouvements volontaires, les actes conscients sont alors perturbés ou deviennent impossibles. Mais on aurait tort d'induire de leur disparition celle de l'intelligence, chez l'homme tout au moins (pour ne pas aborder prématurément la question de l' « âme des bêtes »). Ce qu'on est seulement en droit de dire, c'est que, les nerfs sensitifs étant détruits à leur point d'arrivée et les nerfs moteurs à leur point de départ, les excitations externes ne sont plus transmises, aucune pensée ne peut plus se former relativement à elles, et d'autre part les ordres moteurs sont supprimés : toute autre conclusion est illégitime.

L'activité consciente de l'âme a seule fait jusqu'ici l'objet de notre étude, ses effets étant de beaucoup les plus importants à considérer. Mais, pour peu qu'on prête attention à certains phénomènes mentaux, on ne tarde pas à reconnaître que parfois l'esprit le plus sain agit et même, si étrange que cela semble de prime abord, raisonne d'une façon apparemment inconsciente.

En ce qui concerne les actions de ce genre, nous en avons des exemples dans tous les mouvements habituels ou machinaux, la marche, la conversation, la lecture, etc.

Relativement aux associations d'idées, nous saisissons le dernier anneau de la chaîne au moment où nous redevenons conscients, où le résultat de l'opération se manifeste. Ainsi nous revient à l'improviste un souvenir ; ainsi nous trouvons tout à coup, et longtemps après la recherche abandonnée, une idée, un mot poursuivis en vain :

> Je trouve au coin d'un bois le mot qui m'avait fui[1],

dit le poète ; ou bien encore se résume pour nous, à l'heure du réveil, par une résolution bien arrêtée, la délibération commencée la veille avec nous-mêmes et que nous croyions interrompue : « la nuit a porté conseil ». Le rêve enfin est à cet égard bien instructif; nous parlons, non point de son enchaînement, dont nous gardons souvent la mémoire, mais bien de son point de départ. Même en supposant le songe provoqué par un malaise physique ou par une impression externe reçue pendant le sommeil, il est presque toujours impossible de discerner le lien entre cette sensation ou ce malaise et la première idée consciente du rêveur.

Or, comme il n'y a pas d'effet sans cause, comme d'autre part la cause immédiatement antécédente de cette première phase d'un songe, de cette décision prise au réveil, de ce souvenir ou de ce mot apparaissant tout à coup n'est pas une sensation actuelle, comme enfin nous savons que l'esprit procède par associations d'idées et ne peut procéder autrement, il faut bien admettre qu'il s'est fait en lui-même un travail parfois fort long et dont il ne subsiste aucune trace.

Cette activité inconsciente joue un grand rôle, cela est certain, dans l'exécution à heure dite de la suggestion hypnotique. Elle se montre de même dans la faculté que possèdent certaines personnes de se réveiller à des heures déterminées et variant suivant les exigences du jour : il s'agit ici d'une sorte d'autosuggestion.

Il y a plus. Dans certaines opérations volontaires de l'esprit, dans celles même qui nécessitent de sa part l'attention la plus soutenue, il se fait comme un travail insconscient. Quand le chercheur, mathématicien, expérimentateur ou philosophe, se trouve en présence d'un problème ardu, lorsqu'il est plongé dans la méditation, il ne se rend sûrement pas compte de toutes les évolutions de son intelligence autour de la difficulté ; il n'a pas conscience de l'enchaînement de ses pensées ; il n'a pas souvenir de toutes les inductions ou de tous les syllogismes à l'aide desquels il s'avance vers la solution cherchée. Celle-ci enfin rencontrée, ou le sens de l'expérience enfin dégagé, c'est après coup, lui semble-t-il, que les uns et les autres sont vénus se ranger sous le résultat obtenu, pour lui servir d'appui : une illumination subite paraît s'être faite en son esprit, alors qu'il a marché méthodiquement et pas à pas vers la lumière.

Quelle raison peut-on donner de ces faits singuliers ?

Selon toute probabilité, ces actes de cogitation ne sont inconscients qu'en apparence. Ils sont sans doute perçus au moment précis où ils se produisent; mais ils ne sont point assez énergiques, l'impression n'est point assez forte pour éveiller la mémoire,—ou bien au contraire l'intensité de chacun d'eux absorbe l'attention du sujet, éteint aussitôt le souvenir de l'acte précédent, et la pensée, à peine née, tombe instantanément dans l'oubli le plus profond. D'une part toute force est nécessairement active; d'un autre côté nous comprenons malaisément qu'une pensée puisse s'ignorer elle-même : l'explication ci-dessus nous est par cela même imposée.

Elle devient encore d'une extrême probabilité quand on réfléchit à ce qui se passe dans les moments même où l'esprit est pleinement maître de lui. N'oublions-nous pas, le plus souvent à l'instant même, les impressions multiples qui frappent nos sens? Que le lecteur tente de se rappeler, non pas de jour à jour, ou d'heure à heure, mais d'une minute à l'autre, toutes les sensations qu'il a éprouvées, toutes celles dont il a eu conscience entière dans le cours des soixante secondes précédentes, — on pourrait presque dire dans le cours de la précédente seconde! Au moment précis où ces sensations lui arrivaient par la vue, l'ouïe, l'odorat, par tous les sens en un mot, il les subissait avec pleine connaissance. Qu'il essaye de les reconstituer, et il constatera tout aussitôt des lacunes impossibles à combler. Or, il ne s'écoule pas une fraction de seconde sans que nos organes nous communiquent les phénomènes extérieurs. La conclusion s'impose : ceux-là seuls sont retenus par la mémoire, qui ont pour une raison ou pour une autre forcé notre attention, et l'oubli ensevelit aussitôt le reste ; ceux-là seuls nous apparaissent encore l'instant d'après comme ayant été conscients, qui demeurent dans notre souvenir pendant un temps appréciable, si court soit-il, — ou dont l'impression n'a pas été immédiatement effacée par une impression plus forte.

Quant aux mouvements machinaux ou habituels, la raison en est d'ordre purement physique : nous n'avons donc pas à nous y appesantir.

Si l'activité inconsciente de l'esprit devait cependant demeurer sans explication satisfaisante, si l'activité consciente elle-même devait échapper à notre compréhension, elles ne s'en révèleraient pas moins l'une et l'autre par leurs effets, et toutes deux sont la preuve de l'existence de l'âme.

Cette existence, les matérialistes persistent cependant à la nier. De même que nous avons démontré l'incompatibilité de leur conception du sujet pensant avec les diverses manifestations mentales, de même ils tentent d'établir que certains faits physiologiques et psychologiques sont inconciliables avec l'idée d'une âme distincte de la substance cérébrale. S'ils avaient raison sur ce point, il en résulterait que leurs théories et notre opinion, étant contradictoires avec une partie des faits d'expérience, seraient également inacceptables et que la cause du phénomène mental échapperait aux investigations de la science. Nous ne voyons pas ce qu'à cette ruine commune gagnerait leur système. Mais cette satisfaction négative leur sera refusée, et nous n'aurons pas de peine à réfuter leurs objections. Prenant l'une après l'autre les observations sur lesquelles elles ont la prétention de se fonder, nous espérons montrer que, loin d'être opposées à notre conception de l'être pensant, c'est dans l'hypothèse matérialiste qu'elles deviendraient incompréhensibles.

Le premier argument de cette école est tiré des rapports de la conformation du cerveau avec l'intelligence du sujet.

Remarquons-le tout d'abord : la constance de cette relation ne semble pas encore démontrée. Nombreuses sont les exceptions, tout au moins apparentes, à la règle que la puissance intellectuelle est supérieure chez les individus dont le cerveau est plus volumineux, plus lourd ou sillonné d'un plus grand nombre de circonvolutions. A prendre les résultats acquis, sur lesquels s'appuie le matérialisme, sa thèse serait d'ores et déjà condamnée, car en cette matière une seule exception, loin de confirmer la règle, suffit à la démentir, les lois de la nature étant inflexibles. Où leur action paraît en défaut, on peut être assuré que l'interprétation des phénomènes est erronée.

Eh ! bien, nous voulons faire à nos contradicteurs une position meilleure. A notre avis ces exceptions ne sont rien moins que certaines. Il faut considérer, pensons-nous, non pas tel ou tel des caractères de l'encéphale, mais leur ensemble ou plutôt leur moyenne. Qui sait en effet si dans certains cerveaux la petitesse n'est pas compensée par la densité, le faible poids par la complexité, par un agencement plus parfait des diverses parties, etc.?

Nous n'avons donc aucune répugnance à admettre une corrélation intime entre la perfection de l'organe cérébral et celle de l'intellect. D'une part, si l'encéphale est la partie du corps humain où se fait le passage des forces vitales à la force psychique, mieux il sera organisé, plus puissante évidemment sera l'intelligence qui y apparaîtra. De plus, le cerveau fournit à l'âme les matériaux de la sensation et des idées et en même temps, avec la connaissance du non-moi, les formes que revêtira celle-ci ; il lui donne, par voie de conséquence, le moyen de se déterminer, d'avoir une conception nette de soi : le plus ou le moins de perfection de l'organe influera donc sur la netteté et même sur la formation de la pensée. Cet organe est enfin l'instrument des manifestations mentales : s'agit-il d'un esprit supérieur, si l'instrument est rebelle, ces manifestations seront incomplètes et la valeur du principe intellectuel en paraîtra diminuée. Est-il donc si rare de rencontrer des hommes qui pensent fortement et qui ont les plus grandes difficultés à exprimer leurs pensées? A combien de nous n'est-il pas arrivé de ne pouvoir traduire par la parole, par l'écriture ou par l'action les idées les plus énergiquement conçues?

Mais si l'état du cerveau influe sur celui de l'âme, celle-ci à son tour modèle et façonne son habitat. L'aplatissement de l'occiput et le développement de la partie antérieure des crânes humains, à mesure qu'avance la civilisation, en sont une preuve manifeste. Les matérialistes ne nient point le fait, et tout esprit non prévenu sera porté à y voir un effet plutôt qu'une cause. Il n'est même pas toujours besoin d'attendre la lente évolution de l'espèce : la pratique constante de l'étude et de la méditation augmente chez les individus la profondeur et peut-être les sinuosités des circonvolutions, comme aussi le volume et la densité de l'encéphale ; au contraire rien de semblable ne s'observe chez les hommes, même bien doués au point de vue intellectuel, mais adonnés aux travaux manuels ou à l'oisiveté.

L'école matérialiste argue encore des effets physiologiques produits par les émotions : l'homme pâlit et tremble sous le coup de la frayeur, rougit sous l'influence de la colère ou de la timidité, etc.; et c'est une commotion cérébrale qui se traduit ainsi. Evidemment; mais — qui ne s'en est rendu compte? — la pensée a précédé et non suivi cet ébranlement cérébral, trahi par le mouvement des muscles, du sang ou des autres humeurs. La « matière » n'a donc pas commandé, elle a obéi!

L'apparition graduelle de l'intelligence chez les enfants et l'affaiblissement des facultés dans la vieillesse sont de même fréquemment invoqués. La première partie de l'objection, peut-être embarrassante pour les partisans de la « substance spirituelle », ne nous touche point, nous qui croyons à la genèse successive des âmes. Quant à la seconde, elle ne demeurera point sans réponse.

Nombre de vieillards arrivent avec toute leur puissance intellectuelle aux portes du tombeau, et ici encore une seule exception ruine la théorie, qui ne peut être vraie qu'à la condition d'être toujours confirmée par l'expérience.

La décadence apparente du principe pensant dans la vieillesse ne viendrait-elle pas de celle du cerveau considéré comme instrument? Savons-nous si l'âme ne demeure pas intacte, quoique partiellement privée de ses moyens de correspondance avec l'extérieur? Toutefois, il n'est même pas nécessaire de l'admettre. La force psychique, émanée des forces vitales, est en contact permanent avec ces dernières. Le passage des unes à l'autre est soumis à la loi de continuité et se fait par gradations insensibles, le nombre des degrés intermédiaires finissant par créer, entre ces forces, une différence de *nature* et non plus seulement d'*espèce*. Quoi d'étonnant dans ces conditions que l'état des forces physiologiques réagisse sur l'état actuel de leur dérivé, sans que l'existence de celui-ci soit compromise? D'autre part, nous avons signalé plus haut le rôle de l'encéphale dans la formation même de la pensée, dont la précision et l'intensité sont en raison directe de ses relations avec le non-moi. Dès lors, y eût-il véritablement oblitération des facultés, c'est-à-dire diminution du pouvoir de la force pensante, que celle-ci ne serait point morte pour cela : les êtres malades ou infirmes n'en existent pas moins. La mort corporelle serait dans ce cas la guérison de l'âme, son affranchissement des entraves qui la paralysent, et nous rappellerons plus loin des faits qui ne peuvent guère s'expliquer autrement.

Une dernière observation sur cette question de l'influence de l'âge. Chez tous les adultes bien constitués, l'encéphale atteint à la même époque le même degré de développement; et cependant celui qui aura reçu une culture sérieuse possèdera la plénitude de son intelligence, tandis que cet autre, laissé à l'état de nature, isolé par hypothèse de tout contact avec ses semblables, ne s'élèvera guère au-dessus de la brute. Comment comprendre cela, si le cerveau est la cause, la source unique de la pensée? « En vain, dit M. Bersot[1], le cerveau a pris de la consistance avec les années; pour mûrir la pensée il faut autre chose : la réflexion, l'expérience, qui n'ont rien à voir avec la dureté et l'élasticité ».

Parlerons-nous du rapport entre la santé physique et la santé morale? Rappellerons-nous le vieil adage « Mens sana in corpore sano »? C'est encore une règle générale, mais non absolue, tant s'en faut. On a vu fréquemment des âmes fortes dans des corps débiles et plus souvent encore des âmes faibles dans des corps puissants. Or — faut-il nous répéter? — une seule dérogation emporte toute la théorie. Enfût-il autrement, la règle serait-elle sans aucune exception, que l'union intime de l'être spirituel avec le corporel nous fournirait de même ici une explication sans réplique.

[1] *Dictionn. des sciences philos.*, publié sous la direction de M. Ad. Franck, v° *Matérialisme*.

Ainsi pour ce gros argument des lésions cérébrales accompagnant ou même détermi-nant les troubles psychiques. Que les accidents pathologiques intéressant l'encéphale provo-quent un dérangement plus ou moins grand des facultés, cela ne saurait être contesté, et le mécanisme de ce phénomène est maintenant compris du lecteur, sans que l'existence de l'esprit en reçoive la moindre atteinte. Mais il y a plus : l'aliénation mentale elle-même va nous apporter des preuves convaincantes de cette existence.

En effet, d'une part on a constaté de nom-breuses maladies mentales sans lésions appré-ciables du cerveau, et des aliénistes autorisés affirment que celles-ci se produisent seulement dans le cas où la folie est accompagnée d'autres affections n'ayant aucun lien direct avec elle (troubles de la circulation, de la nutrition, etc). Certaines observations tendraient même à démontrer que les altérations de l'encéphale ne se rencontrent pas chez les aliénés récem-ment atteints.

D'autre part, on ne nie point — du moins le supposons-nous — les cas de folie dûs à une cause morale, à de violents chagrins par exem-ple, et la folie est alors le plus souvent subite. Si les désordres physiques dont on fait état viennent à se produire, n'est-il pas de toute évidence qu'ils seront le résultat de la maladie de l'esprit et non sa cause ?

Enfin, l'aliénation mentale est parfois guérissable. Si elle ne guérit que dans le cas où le cerveau est demeuré sain, elle n'était donc pas due aux troubles qui l'affectaient. Si elle cesse malgré la permanence des lésions cérébrales, combien secondaire n'est pas le rôle de celles-ci ?

C'est ici le lieu de mentionner, sur quelques-unes de ces guérisons, l'intéressante explication de l'école matérialiste. Parlant des aliénés qui recouvrent subitement la raison au moment de leur mort, l'un de ses chefs « admet qu'à la suite d'une longue maladie, le cerveau se trouve débarrassé des influences morbides de l'organisme [1] »; c'est-à-dire que plus on est malade — malade à en mourir — plus on est guéri... physiquement s'entend, d'après l'auteur ! Qui ne voit au contraire que ce qui est « débarrassé des influences de l'organisme » c'est l'âme, manifestant à ce moment son indépendance ?

Autre fait remarquable, et d'autant plus concluant, celui-là, qu'il ne souffre aucune exception. Après la guérison de l'aliéné, ses souvenirs revivent, l'identité du sujet pensant s'affirme de nouveau : c'est donc bien toujours

[1] L. Büchner, *op. cit.*, p. 306.

le même être spirituel, et non un être corporel souvent disparu depuis des années dans le torrent de la circulation vitale, moins encore une simple résultante des processus physiologiques actuels.

Nous avions dès lors raison de le dire : loin d'être une objection à notre manière de comprendre le rôle du cerveau, le phénomène de folie, envisagé par ses côtés les plus caractéristiques, en démontre l'entière exactitude.

Une maladie mentale d'une forme particulière a fourni aux matérialistes un de leurs thèmes favoris. On a vu des individus perdre en apparence, graduellement ou tout d'un coup, leur personnalité première, vivre en quelque sorte d'une vie nouvelle pendant un temps donné, puis reprendre leur conscience primitive, sans qu'il reste dans leur souvenir la moindre trace de cette période intermédiaire; chez quelques-uns, ces deux phases alternent à des intervalles plus ou moins éloignés; chez d'autres enfin, une nouvelle conscience semble se substituer définitivement à l'ancienne.

Or, ces phénomènes sont en complète opposition avec les données du matérialisme, et nous ne nous expliquons vraiment pas que ses tenants aient cru pouvoir en tirer parti. Ils sont en effet dans l'impossibilité de nous montrer comment, dans leur hypothèse d'une pensée produite par un organe en perpétuel renouvellement, ces malades conservent dans chaque phase la mémoire des phases homologues, dont ils sont séparés par une période souvent fort longue d'état contraire.

D'ailleurs, dans cette affection, le sujet, parlant de lui-même, continue le plus souvent à dire *je, moi*, et cela dès le début de chaque période, sans hésitation, sans interruption pendant le passage d'un état à l'autre, sans qu'on assiste, comme dans l'enfance, à la lente élaboration de la personnalité. Le malade reporte donc ses sensations et ses idées nouvelles à un moi unique, déjà constitué, préexistant; preuve évidente qu'il y a simplement là disparition momentanée ou définitive, sous une influence d'ordre physiologique, d'un ensemble de souvenirs. Veut-on aller jusqu'à dire qu'il y a trouble et extinction de la conscience? Soit, nous y consentons, bien que *rien* ne nous y oblige dans l'interprétation de ce cas singulier. Mais la conscience n'est pas le moi, la personne (v. p. 90) ; elle est un de ses attributs, cette observation le démontre elle-même. Les auteurs de l'argument confondent ici l'un avec l'autre, et dès lors leur raisonnement manque de toute base.

Même observation en ce qui concerne le sommeil sans rêves, l'état de syncope et l'état anesthésique. Pendant leur durée, nous dit-on, le sujet pensant n'a point conscience de lui-même ; réveillé ou revenu à lui, il n'a aucun souvenir de cette période. Pourquoi, sinon parce que,l'activité vitale s'étant ralentie et la sensation ne se produisant plus, les idées ne peuvent prendre naissance ?

Evidemment ; mais cela prouve-t-il que la pensée soit la résultante des mouvements cérébraux et rien de plus ?

Le lecteur a déjà répondu, en se reportant à ce qu'il sait du rôle de l'encéphale, et nous ne pouvons cependant nous répéter sans cesse. D'autre part, si le dormeur réveillé, si l'homme qui reprend connaissance ou renaît à la sensibilité ignorent ce qui s'est passé pendant le sommeil ou la syncope, tous leurs souvenirs antérieurs leur reviennent aussitôt, manifestant ainsi avec une indiscutable évidence l'identité du sujet pensant.

Cette remarque suffirait, quand bien même nous serions hors d'état d'expliquer cet effacement momentané de la conscience. Nous pouvons heureusement aller plus loin.

Le temps, dirons-nous d'abord, n'existe pas comme réalité substantielle (pp. 53 et suiv.) : c'est un rapport de succession, une distance entre les évènements. L'âme, qui n'a pas quitté le corps pendant le sommeil, l'état morbide ou la stase de la sensibilité, ne peut donc avoir conscience du cours du temps que s'il s'est passé quelque chose en elle ; or, dans l'hypothèse, il ne s'est rien passé. N'étant plus sollicitée par les impressions extérieures (si on admet cela), elle n'a pu percevoir aucune sensation, partant élaborer aucune idée, aucun acte de conscience, et pour elle pendant cet intervalle le temps n'a pas existé. Aussi, lorsque le réveil a lieu dans des conditions extrinsèques demeurées les mêmes, est-il impossible, si l'on n'a pas rêvé, si l'on n'a pas eu de manière ou d'autre quelque avertissement du temps écoulé, de savoir quelle a été la durée du sommeil. C'est un fait d'expérience quotidienne.

Voilà ce qu'on pourrait répondre, même s'il était démontré que durant la syncope ou le sommeil l'activité mentale cesse complètement. Mais cela n'est pas sûr, loin de là. Beaucoup de bons esprits pensent, sur la foi de plus d'une observation, que le repos de l'âme n'est jamais absolu, qu'il n'y a notamment pas de sommeil sans rêves. La plupart sont si légers qu'ils ne laissent dans notre souvenir aucune trace, même la plus fugitive. La conscience n'est pas abolie ; seule, la mémoire ne s'est pas éveillée ; ce serait encore un cas d'inconscience apparente, et il n'y a qu'à se reporter à ce que nous avons dit à ce sujet (pp. 152 et suiv.). Cette explication est des plus plausibles : d'une part en effet l'idée d'activité est inséparable de l'idée de force psychique, et de l'autre il n'est pas douteux que pendant le sommeil nos sens subissent encore, si affaiblies soient-elles, les impressions externes et les transmettent de même. L'âme, ainsi sollicitée, le cerveau lui-même, dans l'hypothèse matérialiste, doivent donc élaborer des sensations et des pensées. A défaut de ces excitations, ils travailleraient certainement encore sur leur propre fonds, sur leur *acquis*. La gradation d'intensité des rêves, depuis les plus confus jusqu'à ceux que l'esprit se représente nettement après le réveil, est une autre présomption qu'il y a de plus faibles degrés en-deçà du rêve obscur, jusqu'à l'oubli complet, et que seule la mémoire est en défaut, mais non pas la conscience.

Quoi qu'il en soit, le souvenir de la période antérieure à l'état torpide ou comateux, une fois celui-ci dissipé, demeure inconciliable avec l'opinion que la pensée est un mode d'action de la matière cérébrale, et de nouveau l'un des principaux arguments du matérialisme se retourne contre lui.

Il en reste un dernier, et vraiment nous hésitons à en entretenir le lecteur. La pensée, disent nos singuliers logiciens, ne tombe pas sous les sens qui nous révèlent la matière : elle est donc un produit matériel !

Vous riez ? Ainsi cependant pouvait se résumer le raisonnement qui consistait à induire l'inexistence de l'âme de ce qu'elle ne s'était jamais rencontrée sous le scalpel de l'anatomiste. Aujourd'hui encore, on nous déclare que l'être pensant, échappant à nos moyens d'investigation les plus délicats et les plus précis, doit être lui aussi « reconduit aux frontières de la science ».

Si la pensée était une forme du mouvement physique, c'est alors, croyions-nous, qu'elle aurait pu affecter nos instruments, se manifester dans nos expériences, montrer par exemple dans les opérations de la chimie vitale son action à côté de celle des autres forces. Puisqu'il en est autrement, et que d'un autre côté le fait de cogitation est indéniable, la pensée, avions-nous conclu avec le sens commun, ne saurait donc être de la nature de la chaleur ou de l'affinité chimique. Quelle erreur était la nôtre !

Plaçons-nous néanmoins de bonne grâce, et une fois de plus, sur le terrain choisi par nos contradicteurs, et voyons quelle est, même dans cette situation, la valeur de l'argument. Nous avons déjà cité les paroles de F. Mohr : « Nous ne pouvons imaginer aucune force sans lui supposer un *substratum* matériel ».

La force et la matière étant une seule et même chose, cela revient à dire que nous connaissons uniquement les forces perçues par nos sens. Eh ! bien, c'est une erreur capitale. La matière est un ensemble de phénomènes produits par des actions de la force, et nous la percevons; la lumière, le son, les odeurs, etc., sont des phénomènes produits par des actions de la force, et nous les percevons. Or, il y a pour nous, en haut et en bas, des limites à ces perceptions: les matérialistes en conviennent. Ont-ils jamais pensé pour cela à nier les sons, les couleurs, les odeurs non perceptibles, que le raisonnement seul nous révèle ? De quel droit viendraient-ils donc contester de ce chef l'existence de la force psychique ?

Nous voulons toutefois les rassurer. Il est un seul genre d'observations auxquelles l'âme se dérobe : ce sont les observations faites de parti pris ; celles — nous l'avons déjà dit et nous aurons l'ocasion de le redire — qui négligent tout un ordre de phénomènes ou qui prétendent plier l'expérience à un système préconçu au lieu d'édifier une théorie sur l'expérience. Qu'est-donc la conscience, sinon la perception de l'énergie pensante par elle-même ? Et qu'on ne vienne plus nous parler de sensation physique par opposition à ce qu'on a appelé dédaigneusement les spéculations métaphysiques, — ou bien que l'on réserve ce qualificatif pour les conceptions *à priori*. Cela, nous y consentons et l'avons déjà fait. Et cette qualification, l'école matérialiste pourra la revendiquer, si elle persiste à poser des postulats en aussi flagrante opposition avec l'interprétation logique des faits.

Pour nous, le métaphysique, c'est-à-dire l'*extra-naturel*, n'existe pas. Phénomènes physiques (pour lesquels il serait temps de trouver un autre nom) et phénomène mental, tout ce qui existe est dans la nature et par conséquent naturel, puisque tout est dû à la même cause et procède de lois analogues, sinon même identiques. La connaissance de l'âme par le sens intime est donc un fait *physique* comme celle du monde extérieur par les autres sens ; elle est, dès lors, tout aussi concluante.

Au fond, c'est-à-dire au moment précis où s'acquiert la connaissance, ces deux ordres de perception sont semblables. Dans le phénomène de la vision, est-ce l'œil *qui voit* ? Est-ce même le *cerveau qui voit par les yeux* ? Non : c'est l'âme *qui voit par le cerveau*. A cet organe en effet aboutissent les deux nerfs optiques ; l'image dessinée sur nos rétines est par eux transmise, sous forme de vibrations lumineuses, aux cellules de la substance grise, et c'est évidemment par celles-ci que l'âme reçoit la sensation. Quand il s'agit au contraire d'elle-même, tout intermédiaire devient inutile, il est vrai ; mais la nature, sinon le mécanisme, de l'autoperception est la même que celle de la perception externe, avec cette seule différence que les rapports entre le moi et le non-moi, ne pouvant s'établir directement, ayant besoin d'un organe, sont par cela même moins *adéquats* à l'objet et que nous sommes de ce côté plus exposés à l'erreur. Et c'est pourquoi le sujet pensant, comme nous l'avons remarqué dès le début, a de soi-même une vision plus nette que du monde extérieur.

Résumons cette discussion, un peu longue peut-être, mais restreinte cependant, autant qu'il nous a été possible, aux explications indispensables.

Nous avons d'abord constaté à nouveau l'existence de l'être pensant, proposé comme unique postulat au seuil de cette étude, avec cette bonne fortune que le postulat était un axiome.

Nous avons ensuite, par l'examen des diverses manifestations mentales, reconnu les attributs primordiaux de cet être, personnalité, identité, unité indivisible, activité, liberté relative, — comme aussi ses facultés principales;et l'examen des uns et des autres nous a confirmés dans notre croyance à la réalité de l'être intellectuel.

Une étude plus approfondie nous a alors démontré que ces facultés et ces attributs étaient inconciliables avec l'identité de nature entre l'âme et le corps, — et que d'autre part la formation, le développement graduel de l'intelligence et les rapports entre l'homme physique et l'homme moral ne pouvaient s'accorder avec leur différence substantielle. Nous en avons forcément conclu que, distincts dans leur être, quoique intimement unis, ils dérivaient d'une substance commune. Nous avons été ainsi amenés à écarter et les théories matérialistes et l'hypothèse fondamentale du spiritualisme classique.

La substance des corps, bruts ou vivants, étant la force sous ses diverses formes et cette substance nous étant démontrée commune à l'âme, il en est résulté, conséquence non moins inévitable, que l'âme humaine est, elle aussi, un mode de l'énergie universelle. Et ainsi s'est affirmée une fois de plus la grandiose unité du cosmos.

Nous avons alors montré l'être pensant se constituant aux dépens des forces vitales, et l'application immédiate de ce concept à l'interprétation du phénomène mental nous a fait voir qu'il s'y adaptait merveilleusement, nous apportant ainsi une preuve irréfragable de son exactitude, la seule preuve même qui soit admise dans les sciences expérimentales de tout ordre.

Cette substance-mère, principe commun des choses et dont les formes constituent le monde, nous avons déjà maintes fois reconnu que l'esprit humain ne saurait dire ce qu'elle est, la *comprendre* en un mot. Mais peut-il la *connaître*, c'est-à-dire constater son existence ? A cette question, nous avons eu le droit de répondre par l'affirmative, à partir du moment où la transformation des forces les unes dans les autres nous a révélé qu'elles découlaient d'une seule et même source, qu'elles étaient les modes divers d'une seule et même activité.

On reconnaît donc l'impropriété des termes « connaissable » et « inconnaissable » encore employés par l'école anglaise pour distinguer le relatif de l'absolu. Dans la bouche de ceux qui professent qu'en ces matières le dernier mot de la philosophie est un doute irréductible, ces vocables concordent avec les idées exprimées. Il n'en est pas de même chez les spencéristes, qui admettent avec raison que, si l'absolu échappe à toute explication, il n'est pas hors de notre atteinte[1], et ce vice de leur langage a fourni aux matérialistes un argument difficilement réfutable : l'intelligence, disent-ils, est sans autorité pour affirmer ce qui lui est inaccessible ; si l'absolu est inconnaissable, de quel droit affirmez-vous l'absolu ?

[1] H. Spencer, *op. cit.*, p. 77.

Que si nous substituons à ces deux termes ceux de *compréhensible* et d'*incompréhensible*, aucun illogisme ne pourra nous être reproché. Si l'on tient néanmoins à conserver les premiers, il sera bien entendu que l'*existence* de l'absolu rentre dans le connaissable, sa *nature* propre, le *comment* de ses rapports avec les êtres contingents, et peut-être le *pourquoi* de ces rapports, c'est-à-dire la finalité générale, demeurant seuls fermés à notre recherche.

CHAPITRE IX

La Cause.

Une question aussi vieille que la philosophie elle-même, c'est celle de l'origine des idées absolues.

L'absolu, l'infini, l'existence nécessaire ou par soi, la cause première sont présents dans l'esprit humain comme des concepts vagues, confus, *non définis* en un mot. Il y aurait du reste contradiction à prétendre qu'ils figurent sous une forme définie dans des intelligences relatives, finies, contingentes et causées, par le simple motif que le moins ne peut contenir le plus. L'entière perception de l'infini appartient à l'extase, au domaine par conséquent de la révélation, de la religion. La philosophie, tout au moins la philosophie positive, n'a même pas dès lors à se demander si elle est ou non possible.

Mais, si ces conceptions manquent de netteté, elles n'en existent pas moins dans la conscience de chacun de nous, et personne d'ailleurs ne songe à le contester. Tout le débat est de savoir si elles sont, comme on l'a dit, des conditions, des formes de la raison, ou si elles y pénètrent de l'extérieur, si elles sont innées ou suggérées.

On connaît notre sentiment à ce sujet (v. pp. 3 et 94). On serait en droit de nous demander de le justifier plus amplement si, pour l'autorité de notre discussion, nous n'avions pas décidé tout d'abord, même au cas où notre opinion eût été différente, de donner cette satisfaction aux écoles dont nous nous séparons, tout en nous réclamant comme elles de la méthode expérimentale.

Ce point réglé, il en reste un, plus important peut-être. Les idées absolues nous sont suggérées, mais le sont-elles par la réalité ou par un simple procédé d'antithèse? Correspondent-elles à des existences du non-moi, ou sont-elles une pure illusion de la conscience? Celle-ci, comme suite à la perception d'un objet, conçoit-elle aussitôt, par une sorte de réaction spontanée, l'idée de son contraire? Cette thèse, on le comprend, a toutes les prédilections du matérialisme. Voyons si elle est soutenable.

Loin d'être négative — car telle est l'autre formule de ce système — la conception de l'absolu est positive au premier chef; c'est même la plus positive de toutes. L'absolu n'est pas représenté dans la conscience uniquement comme le contraire du relatif, mais bien comme ce qui demeure une fois disparus tous les genres possibles de relations. Nous avons en résumé l'irrésistible conviction de l'être, abstraction faite de ses formes.

Au surplus, pour lever les derniers doutes, s'il pouvait en subsister, nous ne saurions mieux faire que de reproduire les passages saillants de la remarquable critique de M. H. Spencer, en engageant le lecteur à la lire tout entière [1] :

« Notons d'abord que tous les raisonnements par lesquels on démontre la relativité de la connaissance supposent directement l'existence positive de quelque chose au-delà du relatif. Dire que nous ne pouvons connaître l'absolu, c'est affirmer implicitement qu'il y a un absolu. Quand nous nions que nous ayons le pouvoir de connaître l'*essence* de l'absolu, nous en admettons tacitement l'*existence*, et ce seul fait prouve que l'absolu a été

[1] *Op. cit.*, pp. 77 et suiv.

présent à l'esprit, non pas en tant que rien, mais en tant que quelque chose[1].....

« Nous avons conscience du relatif comme d'une existence soumise à des conditions et à des limites; il est impossible de concevoir ces conditions et ces limites comme séparées de quelque chose à quoi elles donnent la forme; la suppression de ces conditions et de ces limites est, dans l'hypothèse, la suppression des conditions et des limites *seulement*. En conséquence, il doit y avoir un résidu, une conception de ce quelque chose qui remplit leur contour, et c'est ce quelque chose d'indéfini qui constitue notre conception du non relatif ou absolu. Bien qu'il soit impossible de donner à cette conception une expression qualitative ou quantitative, il n'en est pas moins certain qu'elle s'impose à nous comme un élément positif et irréductible de la pensée.

« Cette vérité devient encore plus manifeste quand on observe que notre conception du relatif disparaît dès que notre conception de l'absolu n'est plus qu'une pure négation..... Si le non relatif ou absolu n'est présent à la

[1] Cet aveu se trouve en toutes lettres dans le livre *Force et Matière*, ce catéchisme matérialiste si souvent cité par nous. « La connaissance absolue des choses, dit M. L. Büchner (*Op. cit.*), doit être considérée comme impossible à réaliser pour esprit humain ». On ne saurait mieux dire, mais on ne saurait aussi reconnaître plus expressément l'existence de « quelque chose au-delà du relatif ».

pensée qu'à titre de négation pure, la relation entre lui et le relatif devient inintelligible, parce qu'un des termes de la relation est absent de la conscience. Si la relation est inintelligible, le relatif lui-même est inintelligible, faute de son antithèse : d'où résulte l'évanouissement de toute pensée.....

« Cette conception n'est pas l'abstrait[1] d'un groupe de pensées, d'idées, de conceptions; c'est l'abstrait de toutes pensées, idées ou conceptions. *Ce qui leur est commun à toutes, ce que nous ne pouvons rejeter, c'est ce que nous désignons par le nom commun d'existence.* Séparé de chacun de ses modes par leur perpétuel changement, il demeure comme une conception indéfinie de quelque chose qui reste constant sur tous les modes, une conception indéfinie de l'existence isolée de ses apparences. La distinction que nous sentons entre l'existence spéciale et l'existence générale est la distinction entre ce qui peut changer en nous et ce qui ne peut pas. Le contraste entre l'absolu et le relatif dans nos esprits n'est au fond que le contraste entre l'élément mental qui existe absolument et les éléments qui existent relativement.....

[1] L'abstrait, c'est-à-dire ce qui demeure après l'élimination d'un ou plusieurs éléments d'une idée complexe, le résidu de l'abstraction.

« Notre conscience de l'inconditionné étant littéralement la conscience inconditionnée ou la *substance pure de la pensée*, à laquelle nous donnons en passant diverses formes, il s'ensuit qu'un sentiment toujours présent d'existence réelle fait la base même de notre intelligence ».

Cette argumentation se résume ainsi : la conception non définie de l'absolu est non seulement possible, mais encore réalisée dans la conscience ; la conception que le relatif seul existe est impossible. Nous avons déjà cité ces mots de M. L. Büchner : « La raison est un miroir qui réfléchit le tout ». Pourquoi le maître du matérialisme contemporain s'est-il tant hâté d'oublier la vérité par lui proclamée ? Nous pouvons en tout cas la formuler en termes presque identiques, et nous autoriser de la constatation : l'intelligence est un miroir qui réfléchit les modes de l'être ; mais, en réfléchissant ses modes, il réfléchit nécessairement l'être lui-même.

Le raisonnement ci-dessus de M. H. Spencer est en effet irréfutable et, bien qu'il soit forcément un peu abstrait, son autorité ne peut être contestée par la philosophie positive, puisqu'il est fondé sur l'observation directe du phénomène mental, sur l'expérience par conséquent.

Il s'applique, avec la même évidence, aux concepts d'infini, d'existence nécessaire, de cause première, qui ne sont du reste — le lecteur le sait — que des formes diverses de l'idée d'absolu. Il suffit de substituer un terme à l'autre. L'idée d'infini, c'est-à-dire de l'être indépendant de l'espace, est l'idée qui demeure dans la conscience, une fois disparue celle des limites dont la présence crée l'idée d'espace (v. pp. 53 et suiv.); l'idée d'existence par soi est « ce qui remplit le contour » entre le commencement et la fin de l'existence causée ; l'idée de cause universelle est l'idée à laquelle celle de cause particulière « donne la forme ». — « Nos conceptions » de l'étendue, de l'existence, de la cause limitées « disparaissent dès que nos conceptions » de l'étendue, de l'existence de la cause illimitées « ne sont plus que de pures négations ». Celles-ci « deviennent inintelligibles faute de leur antithèse : d'où résulte l'évanouissement de toute pensée .

Par une étrange contradiction, le philosophe anglais avait fait néanmoins, quelques pages avant[1], une restriction en ce qui concerne l'un des aspects de la conception de l'absolu, à savoir l'idée de l'existence nécessaire, de l'existence par soi.

[1] *Op. cit.*, p. 27.

L'unique argument de l'illustre penseur consiste à dire que ce concept ne peut être séparé de l'idée d'éternité, et c'est incontestable : l'être par soi existe éternellement, sans commencement, sans fin. Seulement l'auteur des *Premiers Principes* nous dit : « Il n'y a pas d'effort de l'esprit humain qui puisse arriver à l'idée d'une existence sans commencement ». Mais c'est précisément le contraire qui est vrai ! Et l'on est en droit de s'étonner que cette vérité ait échappé à l'analyse si exacte et si pénétrante de M. H. Spencer. Aucun « effort de l'esprit humain » ne saurait concevoir le néant produisant l'être, non plus d'ailleurs que l'être retournant au néant : nous l'avons déjà constaté. La possibilité de nous représenter dans la conscience une chose existant à un moment quelconque de la durée n'est pas douteuse, et nous pouvons par la pensée reculer ce moment à l'infini dans le passé, ou le reporter à l'infini dans l'avenir. Par contre, une fois cette chose conçue, nous ne pouvons pas nous représenter son anéantissement, la cessation de son existence, soit en avant dans le temps, soit en arrière. Dès lors, non seulement nous ne nous associerons pas à l'opinion de l'auteur que « l'existence d'un objet à un moment donné ne devient pas plus concevable parce qu'on a découvert qu'il existait une heure, un jour, un an auparavant », mais au contraire, nous sommes en droit de dire : ce qui est tout à fait inconcevable, c'est l'inexistence un jour, un an, des siècles auparavant d'un objet qui actuellement existe. En tant, bien entendu, qu'il s'agit de sa substance et non de sa modalité : car les formes passent sans cesse à d'autres formes, les êtres à d'autres êtres, par la désintégration de leurs éléments dynamiques et leur réintégration sur un plan nouveau.

En résumé — et pour reprendre les deux termes de notre alternative — la conception de l'absolu sous ses diverses appellations n'étant pas la pure antithèse des divers modes de relation, il s'ensuit nécessairement qu'elle correspond à la réalité et que l'absolu existe.

Nous pourrions nous en tenir là, la preuve étant d'ores et déjà faite. Reprenons cependant chacun de ces concepts et rapprochons-le des données de l'expérience.

Nous avons l'idée d'infinitude, c'est-à-dire de l'illimité dans l'étendue, et la science recule à chaque instant les limites de la réalité sensible dans le cosmos.

Nous avons l'idée d'existence nécessaire ou d'éternité, c'est-à-dire de l'illimité dans la durée, et l'observation ne nous révèle aucune substance qui commence ou finisse.

Nous avons l'idée de cause première, et l'analyse de l'univers nous fait voir que, si les causes particulières dont nous avons directement connaissance peuvent expliquer un être ou un groupe d'existences, aucune n'est capable de nous rendre compte de l'ensemble des êtres; d'autre part — ceci est de toute évidence — si chacun des êtres connus est causé, l'ensemble de ces êtres reconnaît une cause en dehors de lui: une quantité infinie d'effets ne cesse pas d'être un effet pour devenir sa propre cause.

Nous avons enfin l'idée générale d'absolu, c'est-à-dire de l'existence en elle-même, abstraction faite de tous ses modes, et nous savons par l'expérience que l'existence en soi sert de support à tous les êtres relatifs; par l'expérience qui nous montre l'être revêtant tour à tour toutes les formes et par conséquent les dominant toutes.

Il est du reste parfaitement absurde de croire au relatif, au fini, à l'effet, c'est-à-dire aux parties de l'être, et de nier l'absolu, l'infini, la cause, c'est-à-dire l'être en son entier.

Et, en fait, qui les nie? Personne, pas même les matérialistes; car, lorsqu'ils disent qu' « habitués à trouver dans le monde sensible une cause partout où nous voyons un effet, nous en avons conclu À TORT à l'existence d'une cause première de tout ce qui existe[1] » — Admirons en passant la logique de ces fervents de la méthode expérimentale, de l'induction en définitive ! — lorsqu'ils disent cela, ils sont en contradiction formelle avec eux-mêmes.

Ne proclament-ils pas en effet la « matière » comme la cause première, la substance universelle, l'être absolu d'où dérivent tous les autres ? Bien mieux, ne l'ont-ils pas dotée, comme nous le verrons tout à l'heure, de pensée, de conscience, de sentiment, d'esprit, au moins latents ?

En un mot, quelqu'un, dépassant même les idéalistes purs, qui admettent au moins la réalité du sujet pensant, quelqu'un a-t-il jamais prétendu qu'il y ait uniquement des relations et des effets, sans aucun support de ces effets et de ces relations, en un mot, *que rien ne soit* ?

Non. Dès qu'il y a des êtres, il faut, de toute nécessité, que quelque chose existe par soi, ces êtres ou la cause de ces êtres. C'est, au fond, la doctrine commune au spiritualisme, au panthéisme et au matérialisme, c'est-à-dire à toutes les écoles philosophiques, car toutes dérivent plus ou moins directement de ces trois-là : toutes proclament l'être incréé, que cet être soit l'esprit, la matière ou la substance inconnue du monde.

[1] L. Büchner, *op. cit.*, p. 399.

Au surplus, comment concevons-nous l'existence?

L'esprit humain n'en a jamais admis que deux raisons primordiales : l'existence par soi et la causation ; on chercherait vainement dans la conscience l'idée d'un troisième terme.

Le premier mode — nous l'avons vu tout à l'heure — est concevable, partant possible ; bien mieux — nous l'avons démontré de même — il est nécessaire, partant certain.

Il en est ainsi pour le second, du moins en principe : entourés d'êtres causés, nous sommes bien obligés de reconnaître la possibilité de cette raison d'existence.

Mais la causation suggère à l'intelligence deux concepts secondaires : d'abord, celui de création, par lequel on a jusqu'ici entendu l'acte d'une cause tirant quelque chose de rien ; puis celui de transformation, par lequel on se représente, soit un être déterminé acquérant ou perdant des qualités, et dans ce cas l'individualité de cet être persiste, — soit la substance revêtant un mode différent, et alors un ou plusieurs êtres nouveaux surgissent des existences disparues.

La première idée est absolument inintelligible. Nous ne parlons pas seulement de ce que M. H. Spencer[1] appelle la création par

[1] *Op. cit.*, p. 27.

soi. Sa démonstration de l'illégitimité de ce concept aux yeux de la raison était peut-être aussi superflue qu'elle est concluante, car nous ne croyons pas que l'idée dont s'agit ait jamais été nettement posée par aucune école. Il l'attribue à la vérité aux panthéistes; mais ceux-ci, nous semble-t-il, sont en droit de répondre qu'ils n'ont pas représenté l'être comme *se créant*, c'est-à-dire s'engendrant lui-même de rien (!), mais comme existant par soi et se transformant, ce qui est tout autre chose. La critique de cette conception viendra à son heure, mais l'observation qui précède avait ici son utilité.

La création par une cause extérieure, telle que la professe l'école spiritualiste, à savoir l'acte d'une puissance donnant l'être à ce qui ne l'avait pas, cette idée, disons-nous, ne représente pareillement rien à l'esprit. Qu'une montagne apparaisse instantanément en un espace occupé le moment d'auparavant par l'atmosphère seule, cela paraît impossible ; et cependant cette impossibilité n'est qu'un jeu comparativement à la prétendue création. En effet, la substance de cette montagne, les éléments dynamiques, ou soit-il la « matière », qui la constituent existaient de par le monde, et la raison conçoit à la rigueur qu'ils se soient réunis en cet endroit d'une façon subite : ils se sont seulement groupés, la substance a reçu une forme qu'elle n'avait pas. Mais dire que cette substance elle-même peut naître de rien, c'est en définitive dire que rien et quelque chose sont identiques, ce qui est pour la raison le type même de l'absurde. Des spiritualistes plus avisés protestent contre cette manière d'entendre la création : ce n'est pas rien qui devient quelque chose, car rien n'est rien, et il ne peut pas plus devenir qu'il ne peut être ; c'est l'être qui commence. De la meilleure foi du monde, nous nous efforçons de saisir la différence, et ne la voyons point: car l'être qui n'était pas n'était évidemment rien avant d'être et c'est dès lors ce rien qui est « devenu ». Si maintenant le lecteur ne voit dans cette discussion qu'une fatigante logomachie, il aura cent fois raison, et c'est la meilleure preuve du vide absolu de l'idée créationniste.

Si on admet au contraire que l'être apparaissant là où il n'était pas vient de quelque part, si par exemple on pense avec Leibniz que Dieu crée le monde aux dépens de sa propre substance, on tombe dans l'hypothèse panthéiste, car il s'agit alors d'une substance qui se modifie et non plus d'une substance qui commence. Nous discuterons plus tard l'hypothèse ; mais de toutes façons il demeure bien entendu que la création doit être à jamais bannie de la philosophie expérimentale.

L'idée de création étant écartée, il ne reste plus que deux raisons de l'être : l'existence par soi, démontrée possible et même certaine pour l'être absolu, et la transformation, seul mode de causation reconnu admissible et qui s'applique aux êtres contingents.

Considérant l'un quelconque de ces êtres, nous avons déjà constaté que la transformation pouvait affecter soit les phénomènes, c'est-à-dire les divers effets par lesquels il se manifeste, soit l'être lui-même, c'est-à-dire sa substance. Un être peut donc prendre naissance ou périr ; mais il est dans le premier cas la suite d'un ou de plusieurs êtres préexistants, et, dans le second, le commencement d'un ou de plusieurs êtres futurs. En ce sens — disons-le une dernière fois — devra désormais s'entendre le mot création, si l'on veut donner à ce vocable droit de cité dans la science.

Tout cela est incontestable par rapport à chacun des êtres composant l'univers. En est-il de même pour celui-ci, considéré dans son ensemble ? Le monde actuel a pu commencer, il pourra de même finir, au sens que nous venons de préciser pour ces deux termes, à savoir sortir d'un monde précédent, disparaître dans un monde futur. Nous ne savons si cela fut ou si cela sera ; nous savons seulement que cela est possible. Mais peut-on aller plus loin? Peut-on par la pensée, et sans contradiction avec les données premières de la raison humaine, admettre qu'un temps existait où il n'y avait pas un univers quelconque, qu'un autre temps sera où il n'y en aura pas? Ici, semble-t-il, nous nous rapprochons de l'idée spiritualiste de la création. Il n'en est rien cependant. Si le cosmos, c'est-à-dire l'ensemble des êtres contingents est le résultat de la différenciation d'une substance commune, la raison ne peut se refuser à la possibilité d'une non-différenciation, d'un retour tout au moins à une forme unique où s'absorberaient tous les êtres actuels, comme elle a été contrainte de croire à la différenciation d'où ces êtres sont sortis. L'univers est un nombre infini de phénomènes, auxquels une seule et même substance sert de support, et cette substance, c'est, nous le savons, la force en soi. D'autre part, la force est nécessairement active. Mais, s'il est vrai qu'on ne saurait comprendre une force qui n'agit pas, on comprend parfaitement une force agissant toujours d'une manière identique, produisant une seule nature de mouvements : le monde *pourrait* par exemple être tout lumière, au lieu d'être à la fois lumière, pesanteur, chaleur, électricité, affinité chimique, résistance, au lieu de présenter ces actions dynamiques variées qui constituent la matière. Il *pourrait*, en un mot, n'y avoir qu'un seul phénomène, si même le phénomène est nécessaire : car les courants dynamiques *pourraient* marcher en droite ligne et parallèlement, à l'infini, sans se rencontrer jamais, sans produire dès lors aucun effet sensible pour un organisme analogue au nôtre (v. pp. 27 et 58). Cela a-t-il été? Cela sera-t-il ? Autant de questions sans réponse possible; l'affirmative est seulement improbable, si on s'appuie sur les inductions fournies par l'histoire des mondes et sur d'autres données qu'il serait prématuré de produire à cette place. La création envisagée à ce point de vue n'est plus qu'un changement de forme; nous pouvons, nous devons peut-être la révoquer en doute, nous ne sommes plus autorisés à la nier. Mais que le monde soit issu du néant et puisse y être replongé, qu'il puisse ne pas y avoir éternellement dans l'univers au moins un être, à savoir la substance de cet univers, il faut, pour le supposer, abolir l'essence même de notre pensée.

L'univers sensible, c'est-à-dire l'ensemble des êtres qui se manifestent à nous et de leurs similaires que l'induction nous révèle, est donc dû à une cause; cela est maintenant démontré d'une façon surabondante, sous réserve de ce qui regarde la substance commune de ces êtres divers, sous réserve par conséquent de l'origine de la force première qui est cette substance. Celle-ci est-elle l'être existant en soi et par soi? Reconnaît-elle au contraire une cause? Nous nous poserons plus tard cette question ultime. A l'heure actuelle, nous nous bornerons à nous demander si l'idée de cause toute nue suffit à nous rendre raison de l'univers.

Il en serait ainsi s'il s'agissait uniquement du fait de l'existence. Mais, dans cet univers, à l'existence sont unies des manières d'exister, des modalités, des formes, des attributs, des qualités, tout autant de mots qui sont ici synonymes. D'où viennent ces divers modes? Evidemment de la cause elle-même. Or, rien ne sort de rien, pas même l'être absolu, qui n'est pas issu du néant, mais a toujours existé. Quant aux formes, qui ne sont pas des êtres, l'existence par soi ne peut évidemment leur être attribuée. La cause première sera donc douée de *pouvoirs*, dont les modes des existences secondes seront des émanations ou des reflets; car non-seulement la cause est supérieure à l'effet (ce qui est une forme de l'axiome : le contenant est plus grand que le contenu), mais même tout ce qui est dans l'effet était nécessairement dans la cause; sinon, encore une fois, nous retomberions dans l'hypothèse de la création *ex nihilo*. D'ailleurs, comme tous les axiomes, celui-ci est le produit des expériences accumulées : nous ne connaissons, dans aucun objet, aucune modalité qui ne dérive de la cause ou des causes de cet objet, sous la même forme ou par voie de transformation[1].

Nous ne considérerons ici qu'une seule de ces modalités des existences secondes. C'est, il est vrai, la plus importante : nous voulons parler de l'intelligence humaine.

L'homme est pourvu de raison, et son existence reconnaît une cause. L'homme n'est donc pas l'auteur de sa propre intelligence — il semble puéril de le constater — et celle-ci implique par suite, à l'origine commune des choses, un être possédant l'intelligence *ou un attribut supérieur d'où la pensée humaine dérive* ; car nous aurons à examiner la question de savoir si les attributs de la cause sont nécessairement semblables à ceux de l'effet et même

[1] Les apparentes dérogations à ce principe, observées dans l'enchaînement des causes particulières et traduites par le dicton « petites causes, grands effets », concernent — il est à peine besoin de le faire remarquer — les causes dernières ou occasionnelles. Un évènement est préparé par la série plus ou moins nombreuse de ses antécédents ; il est imminent. Survient, pour employer l'image populaire, la goutte d'eau qui fait déborder le vase, la cause infime qui détermine l'effet parfois immense ; celui-ci ne saurait être supérieur à l'ensemble de ses antécédents. Le vase n'a point débordé parce qu'il contenait une seule goutte d'eau. Ainsi la cause universelle est, de toute évidence, supérieure à l'ensemble de ses effets, à l'univers sensible.

s'il est possible d'en discerner clairement la nature.

Cette nécessité, les matérialistes eux-mêmes s'inclinent devant elle. Obligés de rendre compte de la raison humaine, ils ont admis, au nombre des propriétés de la « matière », la pensée et la conscience, termes « immatériels » s'il en fut, comme ils ont dû la doter de sensibilité pour expliquer les manifestations vitales.

Écoutons encore celui qu'ils reconnaissent pour leur chef actuel. La matière, dit M. L. Büchner, « n'est pas grossière, mais tellement délicate que nous ne pouvons nous en faire une idée... Elle n'est pas sans valeur, mais elle a la plus sublime signification... Elle n'est dépourvue ni de sentiment, ni d'esprit, ni de pensée... Elle n'est pas inconsciente, mais elle développe successivement, dans ses processus de formation et d'évolution terrestre, tous les degrés imaginables de la conscience » [1].

Cette école, embarrasée dans sa conception

[1] *Op. cit.*, p. 76.

Il est vrai qu'ailleurs (p. 310) la matière se fait peu à peu de la conscience un attribut. Il y a progrès ! Là, c'est une cause inconcevable (la conscience en puissance, la conscience non encore consciente); ici, c'est un effet sans cause.

Précédemment (p. 115), l'auteur avait donné son explication de la différenciation de la substance et de l'apparition des formes : « L'instinct formateur de la nature lui a été donné par un certain formalisme ». *Opium facit dormire quia est in eo virtus dormitiva.*

de la « matière », est arrivée au seuil de la vérité sans pouvoir le franchir. Oui, pour qu'il y ait, chez une partie des êtres composant le monde, intelligence, conscience et volonté, il faut que ces facultés ou des facultés supérieures résident soit dans la substance de l'univers, soit dans la cause de cette substance, si elle en reconnaît une; oui, la substance, c'est-à-dire l'essence commune des forces manifestées, revêt ou reçoit des propriétés différentes, suivant les conditions variables de son action. Ces propriétés se traduisent sous la forme matière, mouvement, chaleur, etc., dans les corps inorganiques, sous la forme vitale dans les corps organisés, sous la forme pensée chez l'homme et, disons-le hardiment, chez les autres êtres raisonnables de l'immense univers, — que le principe, la source de toutes ces activités soit dans la substance ou en dehors d'elle : source inépuisable en tous cas, et dont nous ne pourrons jamais connaître la nature, mesurer la puissance ou sonder la profondeur !

Ce qui est vrai de notre intelligence elle-même l'est encore des objets « immatériels » de ses contemplations, c'est-à-dire de l'idéal sous ses diverses formes. Oui, encore une fois, cette conception se dégage en nous de la comparaison des notions expérimentales; mais de ce que les idées de beauté suprême, de bonté infinie, de vérité pure nous sont apportées de l'extérieur, ne s'ensuit-il pas qu'elles ont une cause en dehors de nous, qu'elles sont réalisées quelque part et qu'elles sont cette réalité réfléchie sur l'esprit humain ? Si le matérialisme persiste à le contester, il sera contraint alors de croire à leur *innéité*; et cela, pensons-nous, gênerait pour le moins autant ses négations.

Ce n'est pas tout : la recherche de la condition première de *tous* les phénomènes, l'examen par conséquent de la *possibilité du monde*, en nous confirmant dans cette certitude, va nous contraindre de reconnaître encore dans la cause du cosmos le principe de la volonté.

La science considère l'univers, c'est-à-dire les systèmes planétaires, et même les amas stellaires, les « voies lactées » (v. p. 50, *note*) où ces systèmes sont confondus, comme étant le résultat de la condensation d'autant de masses gazeuses ayant, à l'origine, rempli et même dépassé les orbites actuelles. Au sein de chaque nébuleuse, la matière cosmique primitive, infiniment diluée et ne présentant au début aucune différenciation appréciable, a commencé à un moment donné à se mouvoir autour de certains points devenus plus tard autant de nébuleuses solaires. Avec les progrès de l'évolution et de la condensation, ces dernières se sont enfin distribuées à leur tour en soleils et en planètes. Cette hypothèse rend compte de tous les mouvements sidéraux comme de tous les phénomènes géologiques; elle est d'autre part corroborée par l'étude des mondes actuellement en formation dans les espaces infinis : aussi est-elle bien près de passer à l'état de certitude. En tous cas, elle est professée par les maîtres du matérialisme, et nous sommes dès lors sur un terrain commun.

La genèse des mondes a donc pour point de départ le mouvement, si lent qu'on le suppose au début. Jusque là, aucune difficulté. Il est incontestable qu'une masse, même homogène, *soumise à des influences différentes*, perdra graduellement sa stabilité, les masses influençantes fussent-elles à des distances incommensurables et leur action fût-elle infinitésimale à raison de cette distance : nous voulons parler des autres nébuleuses répandues dans l'immensité, car il ne saurait évidemment être question d'une autre action.

Mais ces nébuleuses elles-mêmes, qui les a réparties ainsi dans l'espace ? Pourquoi la matière n'a-t-elle pas toujours formé une nébuleuse unique, uniformément dense et étendue ? Pourquoi s'est-elle à l'origine, si loin que cette origine soit reculée, distribuée en amas distincts ? Elle est douée de mouvement « spontané » ? Mais, de toute nécessité, les mouvements particuliers des atomes (centres de force) se faisaient équilibre — car, nécessairement aussi, les atomes étaient séparés par des distances égales et doués d'une égale énergie, — et il n'y aurait pas eu de monde, mais bien le phénomène unique dont nous faisions plus haut l'hypothèse, en partant d'une autre donnée (v. p. 193). C'est en effet un principe de physique et de mécanique qu'une masse homogène, soustraite à toute action externe et soumise à des actions internes égales et s'exerçant également dans tous les sens, demeure en équilibre. D'autre part, il ne se peut agir de la tendance des diverses parties de cette masse vers son centre de gravité, comme cela se passe dans les corps délimités par des surfaces : car, dans l'hypothèse, nous avons à considérer une masse infinie où, suivant le mot de Pascal, le centre est partout et la circonférence nulle part.

On a cependant tenté de réfuter cet argument souverain. Écoutons sur ce point l'homme éminent que la science vient de perdre.

« On peut dire à la vérité, et on a en effet dit et redit que le spectacle actuel de l'univers n'est que l'une des répétitions sans nombre d'un même ensemble de phénomènes périodiques ; que tout ce qui nous apparaît aujourd'hui sous forme de mondes distincts passera un jour à l'état de ruines, se dispersera dans l'espace pour reformer une nébuleuse... et ainsi de suite à l'infini.

« Cette hypothèse auxiliaire, possible il y a peu d'années encore, ne l'est plus aujourd'hui. Si la langue des mathématiques m'était permise ici, je dirais avec M. Clausius : *l'entropie de l'univers tend vers un maximum.* Cette seule phrase, dans sa sévère concision, est plus concluante que les plus éloquentes périodes de Bossuet, de Fénelon, de Châteaubriant...

« Je vais essayer, non de la traduire, mais d'en indiquer du moins le sens.

« Rien, avons-nous dit, ne peut s'anéantir spontanément dans l'univers. Le mouvement d'un corps, lorsqu'il est détruit, produit de la chaleur ; réciproquement la chaleur peut produire du mouvement. Les atomes matériels, primitivement épars dans l'espace, se sont peu à peu rapprochés sous l'empire de l'attraction universelle ; mais en se rapprochant ainsi, ils ont acquis des vitesses considérables ; de leur concentration, de la destruction de cette vitesse de translation est née une quantité de chaleur colossale et une température telle que toutes les étoiles, notre soleil, les planètes étaient primitivement à l'état de vapeur. C'est par suite de la dispersion graduée de cette chaleur dans l'espace, c'est par suite de l'abaissement successif de la température que tous ces corps ont pris leurs formes distinctes et leurs mouvements relatifs.

« Cette chaleur dispersée existe sans doute toujours dans l'espace; mais elle s'y trouve, si l'on peut dire, à un titre inférieur; elle ne peut plus être reconcentrée de façon à ce qu'il en résulte une élévation de température : *elle ne peut plus servir à reproduire la nébuleuse primitive.* C'est là, en un mot, un phénomène qui ne saurait se répéter.

« Si, contrairement aux assertions les plus positives de la mécanique céleste, les sphères, dont nous admirons, et avec raison, les mouvements harmonieux, venaient à sortir de leurs orbites, à se heurter, il résulterait de leurs chocs, non pas une pulvérisation, un amas de décombres, ... mais une élévation de température telle qu'elles seraient réduites, du moins partiellement, en vapeur. Mais cette nouvelle réduction en gaz, cette nouvelle production de chaleur ne serait plus comparables à ce qui avait eu lieu primitivement. Une nouvelle dispersion de chaleur, un nouvel abaissement de température amènerait encore la formation de corps distincts, liquides et puis solides; mais les mouvements de ces corps seraient incomparablement moindres que primitivement.

« En un mot, et pour me résumer, toutes

les modifications, toutes les perturbations futures, et d'ailleurs hypothétiques, qui pourront avoir lieu dans l'univers, ne seront que des pas vers un équilibre final, vers une répartition uniforme de la température de l'espace, et vers le repos des masses de matière pondérable qui ont constitué la nébuleuse primitive et puis tous les astres qui s'étaient formés à ses dépens. La destruction et la réapparition indéfinies des mondes, tels qu'ils existent aujourd'hui, sont scientifiquement inadmissibles[1] ».

Allons plus loin. Admettons, contre l'opinion de l'illustre savant et avec les adversaires de la thèse de Clausius, que chaque agrégat de matière ne soit pas porté vers une forme dernière qu'il conservera définitivement; qu'en vertu d'une loi de nous ignoré, la chaleur dispersée, celle en laquelle, dans l'hypothèse, se seraient transformées toutes les autres forces, par suite de chocs sans cesse renouvelés, que cette chaleur arrive un jour à « se reconcentrer » et puisse alors « servir à reproduire la nébuleuse primitive ». En quoi, poussée là où ses auteurs n'osent plus la conduire, cette hypothèse détruirait-elle la nécessité,

[1] G.-A. Hirn. *La Vie future et la Science moderne*, éd. de 1890, pp. 40-43.

à un moment donné, de l'intervention d'une cause ?

Car enfin, si l'espace est infini, si la force est infinie, si la « matière » est infinie — toutes vérités que nos contradicteurs ont les premiers reconnues et proclamées, — cette masse diffuse a par là même occupé, à un instant quelconque, l'étendue sans bornes ; elle a été, ou elle est redevenue cette sphère sans circonférence et partout centrale, où les attractions sont partout pareilles, au sein de laquelle par conséquent, de par la loi même de la gravitation, aucun mouvement ne peut naître, ou bien, ce qui revient au même, dans laquelle tous les mouvements se font équilibre, où nulle différenciation ne peut dès lors se produire. Arrivée à la stabilité absolue — puisque l'hypothèse implique nécessairement qu'elle devra l'atteindre — elle y demeurera, et les mondes ne pourront plus recommencer !

Si, en dépit de la science et de la logique, on admet comme cause des mondes l'évolution, non plus d'une nébuleuse universelle et infinie, mais de plusieurs nébuleuses finies et à surfaces délimitées, où donc, encore une fois, est la raison de cette distribution en autant de masses distinctes ?

La conclusion s'impose : il y a eu, soit en dehors de la substance, soit dans son sein, un déterminisme, une action s'exerçant dans tel sens de préférence à tel autre, en un mot *une volonté.*

En veut-on l'aveu implicite? « Un chaos incapable de se développer ou de se différencier avec le temps *doit rester éternellement à l'état de chaos,* tandis que le mouvement, *dès qu'il a commencé...*[1] » Il faut donc qu'il commence! Et « le temps » ne le fera pas commencer s'il n'y a pas une cause de commencement.

Reprenons la démonstration au point de vue dynamique, qui est le nôtre.

Substance et force, c'est tout un. La force est une en son essence; les forces secondes, d'où dérive l'univers sensible, nous en représentent seulement les modalités, les actions diverses.

Il n'y a que trois manières de concevoir cette essence: elle possède par elle-même l'intelligence, la conscience et la volonté, ou des attributs supérieurs à ceux-là; — ou bien ces pouvoirs lui sont communiqués dans certains cas et dans certaines conditions par une cause extérieure à elle; — ou bien enfin elle en est totalement dépourvue.

La force première est de plus, nous le

[1] L. Büchner, *Op. cit.*, p. 152.

savons, douée d'activité *nécessaire*; une force inactive est un pur néant.

Or, si une cause volontaire et consciente ne dirige pas en sens divers l'énergie de cette substance active mais une, ou si la substance elle-même ne veut pas et ne sait pas ce qu'elle veut, nécessairement son activité ne sera pas différenciée, des modes variés de celles-ci ne prendront point naissance (pas d'effet sans cause); il n'y aura aucune « raison suffisante » de leur apparition. Les forces secondes, ouvrières de l'univers, n'existeront donc pas, et le monde est impossible. Il n'y aura qu'un seul mode de l'être, un seul phénomène, qui ne sera perçu par personne, pas même par l'être unique, dénué d'intelligence.

A plus forte raison en sera-t-il ainsi, si les phénomènes, comme le professent aujourd'hui quelques savants, sont dûs, non pas à la *transformation* des forces, mais à la *substitution* des unes aux autres. Il est évident en effet que, si les forces secondes ne sont pas des formes du même principe dynamique, si à la disparition de l'une correspond l'apparition d'une autre, différente en son essence et non plus seulement dans sa modalité, toutes deux sont dans ce dernier cas la manifestation de l'activité et de la volonté consciente d'une cause supérieure et extérieure à elles.

De toutes façons, une intelligence première est donc la cause, non-seulement des êtres pensants, mais de tous les êtres sans distinction.

De nos jours, on a trouvé un moyen assez ingénieux d'échapper à cette conséquence inéluctable : c'est de nier l'idée même de cause. Les uns ont dit : il n'y a entre les êtres et les faits successifs du cosmos d'autre lien que leur succession même, et fort arbitrairement l'esprit humain y voit dans certains cas une sorte de filiation. A ceux-ci on a très bien répondu que nous pourrons à toute heure reconnaître en nous-mêmes l'action du principe dénié, si nous voulons bien nous rendre compte du phénomène de volonté. De cette volonté à l'acte qui la suit, il y a de toute évidence un rapport de génération et non point seulement de succession dans la durée. Dans cette expérience sans cesse renouvelée la raison puise la notion de cause, et par une induction légitime, par la certitude de l'unité de la loi, elle l'étend à tout l'univers.

Pour d'autres, et en particulier pour l'un des esprits les plus subtils et les plus brillants de ce temps, la prétendue cause d'un fait donné n'est que la décomposition d'un fait plus général, où il est contenu comme la partie dans le tout. A ces derniers on a fait, avec la même autorité, la même réponse. Nous pouvons y joindre la suivante, à propos de la question suprême qui nous occupe : si le monde actuel est le résultat des mouvements de la substance, et si ces mouvements ont succédé à un repos initial (pour reprendre l'hypothèse discutée tout à l'heure), qu'on veuille bien nous expliquer comment le repos de la substance contenait son contraire à savoir les mouvements ultérieurs de cette dernière. Mais nous allions l'oublier : cette école nie la substance et reconnaît uniquement des phénomènes ; d'où il suit que les phénomènes sont le mouvement de rien du tout. C'est du moins ce que représente, pour nous profane, « l'axiome éternel » qui « se prononce » — lui-même — « au sommet des choses », la « formule créatrice » — autant qu'abstraite — dont le « retentissement prolongé compose, par ses ondulations inépuisables, l'immensité de l'univers [1] ».

Arrêtons-nous un instant : mesurons le chemin parcouru, le terrain conquis peu à peu dans notre marche vers la certitude, et pour cela groupons ici les conclusions, démontrées légitimes, des chapitres précédents.

Nous sommes partis d'une constatation qui est le dernier degré de l'évidence : l'existence du sujet pensant. A notre premier pas en avant, nous

[1] H. Taine.

avons rencontré le phénomène, et tout aussitôt son analyse nous a suggéré l'idée de force et l'idée de résistance, la première dominant de beaucoup la seconde. Voulant nous rendre compte de ce qu'était cette résistance, communément présentée sous le nom de matière, nous avons reconnu son identité substantielle avec la force, dont elle est une manière d'être. Nous avons ensuite constaté que cette force était non seulement en nous, mais encore hors de nous, qu'il y avait un non-moi, un univers, et que la force en était la substance unique. Les êtres peuplant cet univers nous sont apparus sous leur triple modalité d'êtres inorganiques, d'êtres vivants, et enfin d'êtres vivants et pensants. L'étude de la constitution intime de ces catégories nous a montré à la base de chacune d'elles la force, sous ses trois formes de forces physiques, de forces organiques (peut-être force vitale) et de force psychique, et l'unité substantielle du cosmos s'est de plus en plus imposée à notre conviction. Entre temps, nous avions remarqué que la force, qui est une, est de même éternelle et infinie, et qu'elle ne peut cesser d'agir, de créer, sans se confondre avec le néant. Plus récemment, nous avons constaté la présence en nous des idées d'absolu, d'infinitude, d'existence éternelle ou nécessaire et de cause première, et cela en tant qu'idées positives, c'est-à-dire correspondant à des réalités; puis, rapprochant ces conceptions des données accumulées par l'expérience, qui seule avait pu les faire naître, nous avons pris indirectement contact avec l'être quelles traduisent confusément à nos yeux, tout en avouant l'impossibilité pour notre raison de pénétrer sa nature propre, ou même de la concevoir nettement. Enfin, nous avons vu qu'à moins de reconnaître dans la cause du monde sensible le plus haut degré d'intelligence consciente et de volonté, ou des propriétés dépassant celles-ci et capables de les engendrer, il fallait renoncer à comprendre la possibilité de la raison humaine, la possibilité même de l'univers.

Nous avons marché, préalablement allégés de tout préjugé religieux ou philosophique, dans l'entière rigueur de la méthode expérimentale, appuyés sur les seuls enseignements des sciences positives et d'une sévère analyse psychologique. Au cours de celle-ci, les faits et rien que les faits nous ont servi de fil conducteur, la spéculation pure, les conceptions *à priori* étant soigneusement bannies de nos raisonnements. D'ailleurs, une fois établi que le phénomène mental reconnaissait la même cause et les mêmes lois que les phénomènes physiques, sous réserve de l'élément liberté, l'observation de l'un devenait un guide aussi sûr que l'étude des autres; nous ne sortions pas du domaine de la nature au vrai sens du mot. Enfin, quand nous nous sommes heurtés à des opinions contraires aux nôtres, nous avons eu soin de nous placer chaque fois sur le propre terrain de nos contradicteurs, afin que la victoire, si elle devait nous rester, ne pût être regardée comme suspecte ou comme trop facile.

Ainsi avons-nous progressé pas à pas, et nous voici arrivés en présence d'un principe premier, existant en soi et par soi, cause unique du monde, absolu, infini, éternel et éternellement créateur, idéal et réalisation du vrai, du bien et du beau, intelligence suprême et suprême volonté.

Est-il maintenant besoin de vous nommer, ô mon Dieu?

CHAPITRE X

Théisme et Panthéisme.

L'hypothèse matérialiste sur l'origine des choses ne pouvant résister à une critique sérieuse, ceux qui, à travers les angoisses du doute, ont cherché la vérité de bonne foi ont toujours rencontré Dieu, et il devait en être surtout ainsi pour nous, qui cheminions au milieu des réalités, demandant aux choses elles-mêmes leur raison d'être.

Mais à tous ceux qui l'ont abordée, la Divinité ne s'est pas montrée sous la même face. Deux conceptions de la nature divine dominent les idées que l'humanité s'en est faites, et c'est à celles-là que nous nous attacherons, comme étant seules justiciables de la philosophie positive. Les autres, malgré les grands noms dont quelques-unes se réclament, ne sauraient guère être considérées que comme des rêveries métaphysiques, sans aucun lien direct avec les manifestations de l'Être qu'elles prétendent expliquer.

Pour les uns, Dieu, créateur du monde, est séparé du monde par lui tiré du néant à l'heure où le veut sa libre volonté. Il produit ainsi la substance, ou plutôt les deux substances matérielle et spirituelle d'où les êtres se développeront ; puis il dote ces derniers des attributs constituant la nature, l'essence de chacun d'eux : propriétés physiques des corps, sensibilité des organismes, intelligence des êtres pensants. Le lecteur auquel nos raisons ont paru concluantes ne pourra plus accepter ce point de vue.

Est-il possible de le modifier et de le mettre un peu plus en harmonie avec les inéluctables constatations de la science moderne ? Peut-être, semble-t-il, pourrait-on se représenter encore la Divinité comme extérieure au monde, le dominant et l'enveloppant, tout en étant la source inépuisable, infinie, de la substance, — mais à la condition de reconnaître l'unité de cette dernière sous sa forme fondamentale, la force, et de la considérer aussi comme émanant du Créateur, non pas à tel ou tel moment, première date du monde, mais de toute éternité. Et pourtant cette idée n'est pas plus satisfaisante pour la raison.

D'une part, si Dieu est l'auteur de la substance, il n'y a pas de motifs pour ne pas remonter ainsi de cause en cause, à l'infini, sans que jamais on puisse rencontrer le premier anneau de la chaîne. Pourquoi en effet s'arrêter à celui-ci plutôt qu'à cet autre? Est-ce parce que le Dieu du spiritualisme peut être conçu comme existant par soi, comme possédant la plénitude de l'être et de ses attributs, et que dès lors la recherche d'une cause supérieure devient inutile? Mais l'argument s'applique terme pour terme à la substance telle que la conçoivent les panthéistes, dont nous résumerons plus loin le système. S'il ne prouve rien pour eux, il ne saurait être d'aucun secours aux spiritualistes. S'il est concluant au contraire, ces derniers sont bien embarrassés pour repousser l'opinion de leurs adversaires, celle-ci n'étant qu'une forme de l'argument théiste qu'il ne faut pas multiplier en vain les êtres.

D'autre part, le monde, c'est-à-dire la substance sous ses diverses formes, se révèle comme infini. Croire à un Dieu extérieur au monde, c'est donc admettre la coexistence de deux infinis; ce qui ne se peut dit l'École elle-même, car cela implique contradiction.

Enfin — et c'est ici la plus redoutable objection — ou la substance était en Dieu, ou elle n'y était pas. Dans le premier cas, la substance de Dieu et la substance du monde sont une seule et même chose, et devant le panthéisme triomphant le théisme spiritualiste s'évanouit. Dans le second cas, Dieu a tiré la substance de rien : l'École le professe, mais la science et la raison s'insurgent, la raison, ce flambeau allumé en nous par la Divinité.

En présence de ces impossibilités et de ces contradictions, faut-il se réfugier dans la théorie panthéiste?

Le panthéisme identifie Dieu, non pas avec le monde sensible, avec l'ensemble des phénomènes, mais avec la substance inconnue du monde, avec l'être universel dont nous ne saisissons que les manifestations. Il échappe ainsi à deux des reproches encourus par la doctrine spiritualiste : l'inutilité d'une cause au-delà de la substance et la juxtaposition incompréhensible de deux infinis.

On peut faire, il est vrai, d'autres objections à cette doctrine, telle du moins qu'elle a été formulée par ses adeptes les plus célèbres et notamment par le plus illustre de tous, Spinoza.

Ainsi l'immortel auteur de l'*Ethique* ne consent pas à fonder sa métaphysique sur l'expérience. Pour lui, la valeur du raisonnement qui reconnaît ce point de départ est très relative ; il préfère, ou plutôt il admet comme unique garantie d'une connaissance adéquate à l'être universel l'intuition immédiate, dans laquelle il aperçoit les seules idées claires et distinctes, et cette intuition lui révèle avant toutes autres les idées du parfait et de l'absolu. Tout son effort porte sur la contemplation de cet absolu et sur l'étude de sa nature. Aussi sa philosophie consiste-t-elle dans un système tout *à priori*.

Or, pour nous, le guide sûr est avant tout l'expérience, et la raison n'intervient que pour en coordonner les résultats : elle est, à notre sens, purement interprétative, et la fragilité des théories les plus géniales, mais construites sur les seules données intuitives, montre combien est décevante cette prétention de l'esprit humain de se suffire à lui-même.

Pour le même motif, après avoir pénétré jusqu'à l'Être premier, nous avons dû nous borner à constater sa présence et confesser que la raison, même appuyée sur les conclusions expérimentales, renonce à expliquer sa nature.

Le philosophe d'Amsterdam regarde le monde physique et le monde moral comme la représentation de deux attributs divins, les seuls connus de nous, l'étendue et la pensée. Nous considérons les phénomènes, sous leur triple forme physique, vitale et psychique, comme autant de manifestations d'un seul et même attribut, l'activité, laquelle appartient à la force ou substance, que celle-ci la possède par elle-même ou qu'elle l'ait reçue.

Les panthéistes refusent à Dieu, à l'Être absolu, la liberté, la volonté, la conscience et même l'entendement, en tant du moins que ces facultés seraient déterminées. Toute détermination est une forme, disent-ils, et l'absolu n'en saurait revêtir aucune sans cesser d'être l'absolu. Ils réduisent ainsi l'Être, c'est-à-dire, pour eux, la substance universelle, à une abstraction pure, et par voie de conséquence le monde lui-même disparaît, les formes ne pouvant subsister indépendamment de leur support. — Or, cette conception, en dehors même de la contradiction qu'elle implique dans ses termes, est en désaccord flagrant avec l'expérience, qui nous a montré dans le cosmos le reflet des attributs ci-dessus énumérés, ou de pouvoirs qui les dépassent.

Cette école nie la liberté de l'homme, et peut-être même sa personnalité. Nous avons démontré l'une et l'autre.

Enfin, tout en reconnaissant que la substance de l'âme, identique à la substance universelle, ne saurait par conséquent périr, elle enseigne que notre personnalité, si elle existe pendant la vie terrestre, s'éteint en tous cas à la mort et s'abîme dans le grand Tout.—Nous espérons démontrer plus tard que la permanence de notre identité consciente n'est pas inconciliable avec l'unité substantielle.

Telles sont les erreurs du panthéisme. Mais — il faut le reconnaître — ces difficultés, dont on pourrait dire qu'il s'est embarrassé à plaisir, ne sont pas la conséquence nécessaire de son principe. Loin que les partisans de l'unité de substance doivent se méfier de la méthode expérimentale, celle-ci y aboutit directement. Ils peuvent d'autre part et sans crainte amender leur doctrine dans le sens des vérités aujourd'hui constatées : leur donnée première n'en serait même pas ébranlée ; nous le démontrerions aisément si nous avions à nous faire l'avocat du panthéisme,

Il n'est pas jusqu'au dilemme célèbre dans lequel on a voulu l'enfermer qui ne puisse être brisé par la meilleure des réfutations, celle qui repose sur les faits. Si la substance de Dieu et la substance du monde sont une seule et même chose, a-t-on dit, ou il n'y a pas de monde, ou il n'y a pas de Dieu. Et les disciples de Spinoza semblent avoir pris à tâche de justifier l'objection. Les uns n'ont pu s'affranchir de l'obsession de la « matière » ; les autres n'ont su s'en débarrasser qu'en la considérant comme une illusion pure. De là deux courants, qui ont porté ceux-ci vers l'idéalisme absolu, sinon même vers un éléatisme complet, et ceux-là vers un matérialisme à peine déguisé. Pénétrés, comme nous le sommes, de la réalité de l'univers sensible et de l'identité de la matière avec la force substantielle, ils eussent pu définir le rôle de celle-ci et échapper à ce double écueil. La substance, ou soit-il la force, auraient-ils répondu, se différencie sous nos yeux sans perdre son unité essentielle : Dieu, c'est-à-dire la substance, et le monde, c'est-à-dire le résultat de ses différenciations, sont donc compatibles, puisqu'ils coexistent. Qu'importe que le lien qui les unit, que le processus de l'action divine demeure mystérieux ? L'absolu a-t-il jamais livré ses secrets à nos contradicteurs ? Pourquoi donc nous sommeraient-ils de les dévoiler ? S'ils répondaient à nos critiques par le fait, nous nous inclinerions; qu'ils fassent de même. Les spiritualistes professent qu'un homme et un autre homme sont formés de de deux substances, esprit et matière, dont chacune est identique à son homologue dans les deux individus différents ; soutiennent-ils que cela fait un seul et même individu ? Ils reconnaissent aujourd'hui que la chaleur et l'électricité sont des modes divers de l'énergie ; nient-ils l'énergie, ou bien l'électricité et la chaleur ? Les corps vivants sont composés d'une quantité infinie d'éléments histologiques, de cellules, dont chacune vit d'une vie propre, tout en participant à la vie générale (p. 65, *note* 2): que faut-il contester, le végétal, l'animal ou la cellule ?

En montrant comment, sur certains points, les panthéistes pourraient répliquer à leurs adversaires, entendons-nous donc nous rallier à leurs principes ?

Commençons par le déclarer : les mots ne nous effraient pas plus qu'ils ne nous séduisent; nous n'avons d'amour que pour la vérité, nous ne redoutons que l'erreur. Nous avons cherché cette vérité en dehors de toute idée préconçue et après avoir volontairement *oublié* toutes les opinions, toutes les croyances, à commencer par les nôtres. Puis nous nous sommes demandé si une certitude philosophique pouvait se dégager des données fondamentales des sciences positives, à leur point actuel de développement. Si nous avions abouti à la confirmation de l'une des doctrines qui se partagent actuellement les esprits et les consciences, nous l'eussions proclamé avec joie. Si nous avions échoué, si nous n'avions abordé d'autre port que la plage désolée du scepticisme, nous aurions gardé pour nous nos désillusions et nos désespérances.

Étranger à toute préférence comme à tout

éclectisme, sans parti pris de trouver chacun en défaut ou de contenter tout le monde, avons-nous eu la bonne fortune de mettre en lumière le fort et le faible de chaque système — spiritualisme, matérialisme, panthéisme, pour ne parler que des principaux, — de faire apparaître, suivant la juste et belle expression d'Herbert Spencer, « l'âme de vérité » cachée au fond de toutes les erreurs humaines ? Ce n'est pas à nous de le dire. Si nous y avons réussi, et si le loyal exposé des résultats conquis est favorable au panthéisme, que le panthéisme en ait les honneurs. Et cependant qu'il nous soit permis de dire comment et pourquoi, à notre avis, il est tout aussi impuissant que le théisme spiritualiste à expliquer la nature et l'œuvre divins.

Le vice irrémédiable de l'un et de l'autre système est de placer à la base de l'univers sensible, de donner comme raison de l'existence des choses une hypothèse, non pas seulement incompréhensible, mais inconciliable avec les conditions premières de la raison humaine et en opposition d'autre part avec les données constantes de l'expérience, repoussée par conséquent par les deux seuls critériums auxquels il soit possible de soumettre une théorie.

Le spiritualisme nous parle d'une création

que l'expérience ne nous révèle nulle part et que la raison déclare impossible. Le panthéisme affirme l'indivisibilité de ce que l'expérience nous montre comme divisé, prétend en outre concilier des termes inconciliables pour la raison et, en fin de compte, nous propose une conception de la Divinité où sombre l'idée même du divin. Dans le premier cas, le monde n'a pu naître ; dans le second, Dieu s'évanouit. Et c'est pourquoi l'expérience et la raison se révoltent, car toutes deux affirment le monde et Dieu avec la même énergie.

De l'idée de Dieu sont inséparables celles de sa perfection et de son indivisibilité. Or, les panthéistes ont beau nous dire que l'être absolu ne saurait se déterminer, que la substance ne doit pas être confondue avec les deux attributs, étendue et pensée, par lesquels elle se manifeste à nous, et avec les êtres seconds qui sont les modes de ces attributs : ils ne feront pas que ce ne soit la substance elle-même qui revête les formes sous lesquelles nous apparaît l'univers sensible et, avec ses formes, nos dégradations et nos misères.

D'un autre côté, si la coexistence de l'un et du multiple, si la différenciation de la substance commune des êtres est compatible avec son identité et son unité, c'est à la condition de considérer cette unité comme divisible (v. p. 37), comme étendue par conséquent. La difficulté n'a pas échappé à Spinoza. Il reconnaît que l'indivisibilité de Dieu est la condition de son existence, et il reconnaît encore que la substance, partant Dieu lui-même, est étendue. *Deus est res extensa*, dit-il textuellement. Mais, ajoute-t-il, si Dieu est chose étendue, il n'en est pas moins indivisible, car il est l'étendue en soi, l'infini, et l'infini ne saurait avoir de parties. Les étendues finies, divisées, les corps ne sont pas des fractions, mais des modes de l'infini.

Ce raisonnement est du même ordre que celui par lequel le théisme entend prouver la possibilité de la création. Dieu, dit-il, n'a pas tiré le monde du néant, car le monde était en Dieu en idée, en puissance, de toute éternité : le monde sensible est donc seulement la pensée divine réalisée.

De part et d'autre, c'est de la métaphysique transcendante : heureux les esprits pour lesquels ces argumentations sont la clarté même.

Sans revenir sur la thèse spiritualiste, il suffit d'une remarque pour ruiner l'explication de Spinoza : l'étendue est un rapport entre les objets, et rien de plus; elle n'a aucune réalité propre, loin qu'elle soit un attribut de Dieu, et moins encore Dieu lui-même. Bien plus : c'est la division des effets de la force qui engendre la notion d'étendue (v. pp. 53 et suiv., 71 et suiv.); dès lors, pour que l'idée d'étendue puisse naître en nous, il faut de toute nécessité que la force, la substance, le Dieu du panthéisme en un mot, soit divisible. Et s'il est divisible, il n'est pas : l'indivisibilité est en effet la condition *sine quâ non* de l'intelligence intégrale (v. pp. 92 et 116), du moins aux yeux de la raison humaine.

De tout ce que nous venons de dire il résulte clairement que les questions sur la nature de Dieu et le mode de son action ne sont pas du ressort de la philosophie rationnelle, que tout ce qui touche à l'explication de l'absolu est du domaine de la religion, où nous nous sommes interdit de pénétrer. Le théisme et le panthéisme ne sont pas en effet des doctrines philosophiques à proprement parler ; chacun d'eux est le fonds commun d'une catégorie de religions : ainsi celles de l'Occident sont théistes, comme aussi le judaïsme et l'islamisme ; celles de l'Inde et de la Chine reposent sur la base du panthéisme.

Dieu est ; aucune philosophie, aucune religion même (si ce n'est pour le croyant qui s'abstient de discuter) n'est capable d'expliquer Dieu : que conclure de cette double constatation ? Ce que nous avons dû confesser déjà si souvent, quand l'étude de l'univers nous amenait en face de l'Être absolu, à savoir que cet

Être est incompréhensible, que sa nature et ses pouvoirs dépassent notre raison.

Le Dieu incompréhensible ! Bien des rationalistes et bien des esprits religieux ne peuvent se décider à l'accepter, les uns par suite d'un orgueil inconscient, les autres par crainte peut-être des sarcasmes de l'athéisme ou des accusations d'impuissance que le vulgaire pourrait formuler contre la religion, quand il serait si facile de réfuter celles-ci et de dédaigner ceux-là comme on dédaigne les marques de faiblesse ou de présomption.

Ecoutons en effet les maîtres de la philosophie, puisqu'aussi bien on ne saurait mieux dire :

« On peut bien connaître l'existence d'une chose, sans connaître sa nature »[1].

« Il est de l'essence de la philosophie de ne rien croire sans preuves. Mais quand une fois l'existence d'un être est prouvée, renoncerons-nous à croire à cette existence sous le prétexte que la nature de cet être nous est incompréhensible »[2] ?

Il est incontestable qu'un être contraire à la raison ne saurait exister ; mais il est non moins incontestable qu'il peut y avoir, qu'il y

[1] Pascal, *Pensées*.
[2] J. Simon, *op. cit.* p. 36.

a un être et des manifestations de cet être supérieurs à la raison ; et celle-ci, une fois la certitude acquise, une fois constatée la présence de ce qui la dépasse, ne cessera pas de *voir* parce qu'elle ne peut comprendre.

Eh quoi ! est-il donc nécessaire de remonter jusqu'à la Divinité pour rencontrer des mystères ? Nous n'expliquons pour ainsi dire rien dans la nature. Nous décrivons les phénomènes, nous constatons les lois qui les régissent, et c'est ce que nous appelons explication : un mot et rien de plus, car nous n'apprenons point par là *ce qu'est* la loi, *ce qu'est* la force, qu'il s'agisse de sa forme puissance ou de sa forme résistance, ni encore *ce qu'est* au juste le phénomène. Nous n'avons même pas, comme le remarque Malebranche, une idée claire de notre propre substance. L'homme accepte de ne jamais comprendre ces choses, contingentes et relatives, et il aurait la prétention de comprendre l'absolu et l'infini ! Mais si quelque esprit, hormis Dieu, pouvait comprendre Dieu, il n'y aurait plus de Dieu ; cela est de toute évidence : *Dieu est incompréhensible parce qu'il est.*

A-t-il créé le monde de rien, comme l'affirme le théisme spiritualiste ? L'a-t-il produit aux dépens de sa propre substance, ainsi que le pense Leibniz ? Le monde n'est-il autre chose que Dieu lui-même manifesté, suivant la doctrine du panthéisme ? Est-il au contraire, comme c'est infiniment plus probable, le résultat d'une action divine jamais soupçonnée par notre débile intelligence ? Telles sont les questions que les métaphysiciens se poseront peut-être toujours ; telles sont en tout cas celles sur lesquelles ils ne pourront jamais fournir de réponse. Quant à la réponse de la philosophie expérimentale, la voici : Dieu a fait le monde, et seul il sait comment il l'a fait.

Au point où nous en sommes, c'est sur cette vérité que ne peut tarder à se faire la conciliation des philosophies et des religions elles-mêmes : nous en avons la ferme espérance, malgré la parole de doute injustifié qui vient de nous échapper. Les esprits sont aujourd'hui affamés de réalités. Pour la plupart des hommes vient un jour où ils ne peuvent résister au besoin de soumettre à leur propre critique et leurs croyances et les enseignements reçus. Est-ce la faute de ceux-ci ? Est-ce — nous préférons le croire — celle de ces intelligences inquiètes ? Quoi qu'il en soit, le vide et la nuit peuvent se faire dans ces âmes. La foi disparaît la première ; elles appellent la méthaphysique à leur aide, et Dieu lui-même s'évanouit dans ses brumes. C'est un cruel moment pour le penseur que celui où il craint d'aboutir soit à la négation, soit au doute irréductible. Heureux alors si, se rattachant fermement à l'évidence la plus proche, il peut, de degré en degré, remonter au jour et voir ses terreurs se dissiper aux clartés de l'expérience et de la raison. Qu'importe si cette lumière ne perce point le mystère ultime, — si, pour employer une grossière image, les traits de la Divinité demeurent cachés sous un voile impénétrable? Ne suffit-il pas de l'entrevoir pour être assuré de son existence? Le paganisme expirant réservait une part de son culte au « Dieu ignoré », mais pressenti par lui; l'humanité de demain conclûra sûrement la paix religieuse au pied des autels élevés au Dieu *connu*, quoiqu'à jamais incompris.

CHAPITRE XI

Les Qualités attribuées.

Le spiritualisme proclame l'existence en Dieu de toutes les perfections, et en cela aucun déiste ne peut se mettre en désaccord avec lui. Il est de toute évidence que, s'il y a un Dieu, ce Dieu réalise la plus complète expression de l'être, qu'il est absolument parfait.

Ces perfections, on convient que notre raison ne saurait les atteindre toutes, mais on croit néanmoins en connaître un certain nombre. Ce sont — il est facile de s'en convaincre à première vue — les plus hautes qualités humaines affranchies des limites inhérentes à notre nature, considérées en un mot comme infinies. Fidèle à notre méthode, nous nous proposons d'examiner, à propos des principales, premièrement si ce concept est légitime au point de vue rationnel, ensuite si l'expérience n'y résiste pas; enfin, en supposant ces deux questions résolues par l'affirmative, nous nous demanderons si cela suffit pour donner à la conception dont s'agit le caractère de certitude.

La raison « pure » — cela est incontestable — n'a aucune répugnance à concevoir une intelligence, une puissance, une sagesse, etc... parfaites, sans limites, et à admettre que, si ces qualités existent quelque part, elles existent par cela même en Dieu, en qui tout est nécessairement infini, absolu. Nous espérons montrer aussi que l'observation du monde sensible n'offre rien de contraire à ces conceptions et tend même, en bien des cas, à les sanctionner.

Pour un premier groupe, cette double constatation serait une redite (v. pp. 195 et suiv.). L'étude des faits du cosmos, bien loin de contredire l'existence, chez l'Être premier, d'une intelligence consciente, active et volontaire, a introduit, dans la conception qu'elle nous a imposée de l'origine des choses, la notion nécessaire de ces pouvoirs, ou bien — avons-nous ajouté — de pouvoirs supérieurs.

Il en est ainsi spécialement en ce qui concerne la conscience divine, malgré la résistance des matérialistes. Voici comment raisonnent ces derniers : « La conscience ne peut se développer que chez les individus, parce qu'ils ont en face d'eux un non-moi... tandis qu'il ne peut en être question pour l'Illimité qui... ne reçoit aucune impression des choses en dehors de lui[1] ». C'est un paralogisme. L'existence d'un non-moi est la condition de l'opposition, dans la conscience, entre le sujet pensant et l'extérieur : sans le non-moi, ce sujet pensant ne pourrait avoir la moindre idée d'un autre objet que lui-même, c'est évident. Mais s'ensuit-il qu'il ne puisse avoir l'idée de lui-même, c'est-à-dire être conscient ? Nullement, car la conscience, n'est pas, comme paraît le croire l'auteur cité, l'opposition entre le sujet et l'objet ; elle est précisément le contraire, c'est-à-dire l'identification de l'objet et du sujet, le sujet se considérant comme un objet (v. pp. 37, 89 et 111). L'être conscient perçoit non seulement les sensations en lui éveillées par les objets externes, mais se perçoit lui-même. *Nihil est in intellectu* — redisons-le — *quin priùs fuerit in sensu*, NISI IPSE INTELLECTUS ! Pour la raison humaine, toute intelligence est nécessairement

[1] L. Büchner, *Op. cit.*, p. 332.

consciente, à des degrés divers : nous n'avons aucune idée d'une pensée qui ne se penserait point. Ici encore le matérialisme est tombé dans cet arbitraire si souvent reproché par lui à d'autres doctrines.

Que l'on se place au point de vue de l'une ou de l'autre des deux conceptions théologiques analysées dans le chapitre précédent, on est conduit à reconnaître en Dieu la conscience. Cela ne fait pas question pour le théisme spiritualiste, qui proclame un Dieu personnel, distinct et même séparé du monde. Mais le panthéisme lui-même aboutirait à une conclusion pareille s'il consentait à fortifier par les indications de l'expérience son idée abstraite de la substance, et c'est ce qui nous faisait dire plus haut que ce système s'était volontairement embarrassé d'un certain nombre de difficultés. D'après le panthéisme, la substance, qui est l'être en soi, mais l'être universel, contient, par une conséquence forcée, toutes les formes, toutes les modalités constituant les êtres seconds. Or, la conscience ne consiste pas uniquement dans la perception de soi, mais encore dans la connaissance de tout ce qui se passe en soi, de tout ce que le moi renferme ou de tous les phénomènes dont il est le siège. La substance divine étant, dans le système panthéiste, le support de tous les phénomènes, les perçoit nécessairement tous par cela même : elle est donc consciente non seulement de soi, mais de l'univers sensible, qui à certains égards est, sinon son non-moi, du moins un objet pour elle.

Indépendant de l'une et l'autre école, nous avons tenu néanmoins à montrer que la conscience était un attribut compatible avec toutes les idées que l'on pouvait se faire de la Divinité.

De même, la raison consent à reconnaître en Dieu une puissance sans bornes, puisqu'elle ne saurait admettre à côté de lui aucune autre cause, par suite aucun pouvoir venant limiter le sien. Toutefois, dans la pensée humaine, la puissance, même absolue, s'arrête à la contradiction. Ainsi nous ne saurions nous en représenter aucune capable d'identifier l'être et le non-être, de créer une substance ou de l'anéantir ; aucune substance qui puisse se distribuer en êtres distincts tout en demeurant indivisible ; — et c'est pourquoi l'hypothèse fondamentale du panthéisme nous paraît inacceptable, comme celle du spiritualisme ; aucun pouvoir, pour prendre des exemples plus familiers, capable de faire que deux lignes se rencontrent sans cesser d'être parallèles, que deux points d'une circonférence soient inégalement distants du centre, ou de contredire toute autre vérité géométrique.

D'autre part, en fait, nulle limite ne se dresse au sein de l'univers contre cette puissance suprême. La fixité des lois naturelles ne saurait lui faire obstacle, si ces lois sont édictées par Dieu, — non plus que l'indestructibilité de la force sous ses deux aspects, puissance et matière: car l'éternité et l'infinitude de la force sont des manifestations de l'infinitude et de l'éternité divines, aussi bien si la force est Dieu que si elle émane de Dieu. L'expérience ne s'oppose donc point à ce que l'on considère la puissance de Dieu comme étant sans restriction ; bien plus, en nous montrant l'œuvre illimité, elle nous révèle l'infini pouvoir de son auteur.

La volonté divine peut-elle être conçue comme libre ? Oui encore, évidemment ; ou pour mieux dire, elle ne peut être conçue comme fatale, même si Dieu est la substance, c'est-à-dire la force en soi. Toute force étant essentiellement active, sous peine de ne pas être, l'activité de Dieu serait, il est vrai, dans ce cas, nécessaire pour la raison ; sa volonté ne le serait point, l'esprit admettant sans difficulté une force aveugle. Donc, si Dieu peut varier son action, c'est-à-dire vouloir — et nous avons rencontré au sein du cosmos le principe de volonté (v. pp. 198 et suiv.), — il ne veut pas nécessairement, et il n'est pas illégitime d'admettre qu'il veuille librement. D'autre part, si le vouloir divin n'était pas libre, cela impliquerait une puissance supérieure à Dieu, c'est-à-dire une infinie série ascendante de causes, puisqu'il n'y aurait aucune raison de s'arrêter à un degré quelconque.

Voilà pour le point de vue rationnel. Au point de vue expérimental, l'existence de l'univers — peuvent dire les spiritualistes — est la preuve de la liberté de Dieu ; et les panthéistes ne seraient pas fondés à les contredire, malgré l'inconséquence dans laquelle sont tombés la plupart d'entre eux. La genèse par différenciation suppose cette liberté tout aussi bien que la genèse par création : si la substance divine est indépendante des formes qu'elle revêt, elle peut ou les revêtir ou les dépouiller à son gré.

On a voulu dresser comme un obstacle à la liberté divine l'immutabilité des lois naturelles ; par une conséquence logique, on en a même fait une objection contre l'existence de Dieu. Nous ne nous arrêterons point à discuter l'argument à ce dernier point de vue. Que la loi soit fixe ou variable, qu'est-ce que cela prouve contre l'existence du législateur ? On pourra critiquer sa puissance ou sa sagesse dans le second cas, on devra les confesser dans le premier ; cela n'empêchera pas le monde d'avoir une cause et cette cause d'avoir établi la règle du processus universel.

Mais voici que sans le vouloir nous avons de même réfuté l'objection en ce qui touche simplement la liberté divine. Il ne suffit pas en effet pour combattre, cette liberté de constater la fixité de la loi ; il faudrait établir que celle-ci est nécessaire, qu'elle existe sans cause, par soi-même, et pour cela prouver *qu'elle ne peut être conçue comme contingente*, comme causée ; bien plus, qu'elle ne peut être conçue comme inexistante.

Or, c'est justement le contraire qui est vrai. Dans la nature, tout est précédé d'une cause : cette constatation faite, j'en conclus que le principe de causalité domine le monde. Tous les phénomènes se distribuent en groupes obéissant à des lois constantes : cela reconnu, j'en induis de même la généralité de la loi. Mais là s'arrête l'analogie. Généralité et nécessité ne sont point synonymes.

Il n'y a pas dans mon esprit, quelque effort que je fasse pour l'y provoquer, un concept correspondant à un effet sans cause, à un phénomène indépendant de l'être. Donc l'absolu, l'être, la cause première sont nécessaires : ils ne peuvent pas ne pas être, si la raison humaine n'est pas illusion pure. Au contraire, je ne puis d'une part, quelque bon vouloir que j'y mette, me figurer les lois actuelles de l'univers comme existant par elles-mêmes. Une loi n'est pas un être, mais un fait, ou plutôt la condition d'un fait, et l'existence par soi ne peut appartenir qu'à un être : il est même puéril de le dire. D'autre part, je peux concevoir l'abolition de ces lois actuelles et leur remplacement par d'autres différentes, ou même opposées. Je peux par exemple imaginer le renversement de la loi fondamentale du cosmos et admettre dans ma pensée une loi par laquelle les corps, au lieu de s'attirer, se repousseraient en raison directe de leur masse. La manifestation de cette loi impliquerait, il est vrai, la dislocation du monde actuel et la naissance d'un monde nouveau. Mais c'est tout : cela n'apparaît pas à l'esprit comme impossible ; en un mot, cela n'est pas contradictoire à la raison.

Les lois naturelles, immuables par rapport à notre univers, par rapport à nous (si elles changeaient, nous ne nous en apercevrions pas, car nous cesserions d'être), sont donc contingentes. Dès lors leur immutabilité — peuvent encore dire les spiritualistes — est un effet de la volonté de Dieu, loin d'être un obstacle à sa liberté.

Notre univers, avons-nous dit. En effet, pour la raison éclairée par les inductions de la science, n'est-il pas évident que nous connaissons seulement une infime partie des phénomènes et des lois ? Qu'est donc cela, à côté des autres modes possibles de la substance, modes très probablement actuels, mais inaccessibles à nos sens ? Et cette variété *absolument infinie* d'êtres et de faits connus et inconnus est-elle, de bonne foi, compatible avec l'idée d'une cause enchaînée par la fatalité?

Pour contingentes que soient les lois naturelles aux yeux de la raison pure, leur immutabilité n'en est pas moins — nous venons de le reconnaître — la condition première du cosmos en son état présent. D'un autre côté, leur enchaînement, leur étroite dépendance réciproque nous sont pareillement révélés par l'expérience. Une seule ne saurait fléchir que le réseau tout entier ne se rompe, ou du moins sans qu'il en résulte une modification correspondante dans l'ensemble des phénomènes, une harmonie nouvelle succédant à l'harmonie troublée (v. p. 98), et les traces de ce changement ne seraient pas effacées par les siècles. En supposant réel le fameux miracle de Josué, « l'astronome, dit avec raison M. Hirn[1], pourrait aujourd'hui même en constater les traces », à moins que la terre,

[1] *Op. cit.* p. 56.

quelque temps arrêtée dans son mouvement de rotation, n'eût été aussitôt après « remise au point »... « Or, un calcul, aujourd'hui à la portée de chacun, nous apprend que la suspension et le rétablissement du mouvement de rotation de la terre, traduits en lumière et en calorique, représentent ce que le soleil envoie à la terre toute entière de lumière et de chaleur pendant deux millions d'années. Quand à la remise à point de l'aiguille, elle est numériquement intraduisible de grandeur[1] ».

De plus, la certitude de l'immutabilité de la la loi est le guide des recherches scientifiques : sans elle, la science n'existerait pas, car elle ne peut être fondée sur le hasard ou, ce qui pour elle reviendrait au même, compter avec le caprice divin.

En conséquence, si le miracle devait demeurer l'un des dogmes du spiritualisme, contrairement à l'opinion de ses adeptes les plus avisés, la raison condamnerait hautement cette croyance, et l'expérience viendrait confirmer cette condamnation avec son irrécusable autorité.

Nous voyons en effet se former encore de nos jours au sein des masses ignorantes trop de légendes aussitôt détruites, nous voyons

[1] Id., *ibid.*, p. 57.

d'autre part nos savants analyser et même reproduire trop de prétendus prodiges d'autrefois pour conserver la moindre illusion sur la possibilité d'une infraction aux lois de la nature. Quant au surplus des faits anciens, l'absence de tout moyen de contrôle, conséquence de l'erreur commune des contemporains, nous empêche seule de faire évanouir ces fantômes.

Mais — dira-t-on peut-être — bien des faits actuels et paraissant anormaux demeurent inexpliqués. Le lecteur a déjà répondu. D'une part quand on se sera décidé à soumettre à un contrôle sérieux tant de « miracles » qui servent encore aujourd'hui d'aliment aux divagations des sectes mystiques, combien de ces faits auront résisté[1] ? Et, pour le dire en passant, il serait temps de porter là la lumière, comme on l'a fait avec tant de succès dans le domaine du somnambulisme ; peut-être la science y trouverait-elle une aussi riche moisson, après les éliminations nécessaires, une fois faites la part du charlatanisme et celle de l'hallucination. D'autre part si quelques-uns,

[1] Tout le monde sait qu'entre autres miracles, celui des stygmates, des « cinq plaies », est l'effet, chez certaines femmes atteintes à la fois de scrofule et d'hystérie, de la réaction du système nerveux sur le système vasculaire, sous l'influence d'hallucinations à forme extatique. Ces malheureuses peuvent donc être de très bonne foi, et il ne serait même pas impossible de provoquer chez elles ce phénomène par voie de suggestion.

si même un grand nombre de ces faits ne devaient de longtemps être éclaircis, que faudrait-il en conclure ? Que nos connaissances sont bornées, mais rien de plus : pour une raison saine, il y a *dans la nature* (et le monde des « esprits » fait partie de la nature tout autant que le monde des corps) beaucoup de lois ignorées ; il n'y a rien qui échappe à la loi, rien de « surnaturel ».

Enfin, en se plaçant toujours au point de vue du théisme, rien n'est plus injurieux pour la Divinité que de se la représenter comme un ouvrier malhabile sans cesse obligé de retoucher son œuvre, ou comme un gouvernant capricieux enfreignant chaque jour ses propres décrets, ou enfin comme un organisateur à courte vue, qui n'a pas su prévoir telles éventualités où le jeu régulier des forces instituées par lui serait insuffisant.

Au surplus, nous aurions quelque honte d'insister. Revenons donc aux arguments contre la liberté divine.

On lui oppose en dernier lieu le pouvoir de l'homme sur les phénomènes. L'homme peut transformer une force en une autre, ou simplement changer sa direction : il peut en d'autres termes modifier les conditions des choses, empêcher l'effet préparé et provoquer un résultat en apparence anormal ; contraindre

— suivant l'exemple déjà donné — au moyen d'une lésion de l'œuf ou du fœtus, la nature à produire un monstre. Voilà donc la puissance divine subordonnée à la volonté humaine, l'infini au fini, le créateur à la créature.

La contradiction prétendue n'en est pas une; elle repose sur une erreur de conception. L'objection porterait si les forces *secondes* étaient Dieu, si les manifestations de l'Être étaient l'Être lui-même. Mais, que Dieu soit la substance ou l'auteur de la substance, l'homme et le monde sont uniquement des « accidents » ; ils sont le produit des mêmes lois, arrivées à leur *summum* de coordination là où apparaît l'intelligence humaine. On se retrouve donc en présence de lois dépendant les unes des autres, de par la volonté du législateur, de forces secondes physiques et de forces secondes intellectuelles agissant les unes sur les autres, de facteurs, au nombre desquels s'emplace la liberté humaine (v. pp. 96 et suiv.). De sorte que le pouvoir de l'homme sur la nature est, au fond, un mode du pouvoir divin. *In eo movemur !*

Restent deux qualités attribuées par l'école spiritualiste à la Divinité : la sagesse et la justice, contre lesquelles on a formulé une seule et même objection, le mal sous ses diverses formes.

Avant de discuter l'objection, il importe de bien comprendre le sens de ce vocable, le mal. Il correspond à deux idées: celle d'un désordre dans les choses, celle d'une souffrance chez les êtres sensibles, la seconde étant la conséquence du premier. L'un et l'autre ont fourni aux athées un argument contre un attribut divin : s'il y a du désordre dans l'univers, la sagesse de Dieu est en défaut ; si l'homme souffre sans un dédommagement au moins égal à ses souffrances, Dieu n'est point juste.

En l'envisageant au point de vue de l'espèce humaine, nous prenons l'argument par son côté le plus redoutable : l'homme en effet souffre plus que toute autre créature, puisque chez lui seul à la douleur physique vient s'ajouter la douleur morale, plus cruelle assurément.

Ceci dit, examinons sous son double aspect la question posée.

Et d'abord, le cosmos est-il bien ordonné ?

Il est vraiment étrange que la réponse nous soit demandée par ceux-là mêmes qui les premiers ont affirmé la fixité des lois physiques et qui se réclament de l'infaillibilité de la science.

« Qu'est-ce que la science », en effet, sinon « la connaissance des lois générales » — et, ajouterons-nous, la certitude de leur immutabilité ? « S'il n'y a pas de lois, il n'y a pas de science. Aussi, on doit admettre que, du moment que la science existe, tout est dans l'ordre[1] ».

Nos savants contradicteurs sont-ils donc près de renoncer à leurs recherches, ou même d'abandonner leur enseignement, au motif qu'ils ne sont point certains de la constance des lois naturelles, point assurés de voir, dans les mêmes conditions, les mêmes causes reproduire les mêmes effets ? Sinon, ne proclament-ils pas eux-mêmes l'ordre immuable qui règne dans l'univers ?

Nous pourrions nous en tenir là : la réfutation serait suffisante, et elle est d'ailleurs demeurée jusqu'à ce jour sans réplique. Serrons néanmoins de plus près les critiques formulées contre l'œuvre divin. Toutes s'appuient sur une forme du désordre allégué ; elles sont basées principalement sur les prétendues erreurs téléologiques : formes organiques superflues, surabondance des germes vitaux, monstruosités.

Nous ne relatons que pour mémoire l'argument.... bizarre tiré de la diversité de l'univers : les différences de grandeur, de distance, d'aspect, etc. entre les corps célestes et même

[1] J. Simon, *op. cit.*, p. 137.

entre les êtres de toute sorte prouvent — nous en demandons bien pardon au lecteur, mais on l'a dit — l'absence d'une intelligence organisatrice ! Et en effet, si le Créateur s'avisait de vouloir lever cette objection et de nous donner un univers bâti sur le plan idéal des matérialistes allemands, il ferait vraiment de belle besogne ! Ceux-ci n'auraient plus alors le droit de nier dans le cosmos « tout ordre, toute symétrie, toute beauté » ; mais que diraient les races dont l'esthétique est quelque peu différente ? Curieuse remarque : c'est de ceux qui ont tant raillé — et non sans quelque raison — le Dieu anthropomorphe de certains métaphysiciens que lui vient ce reproche. Quand aurons-nous fini de compter les inconséquences de cette école ?

On ne répond point à cela, et on se borne à renvoyer au microscope et au télescope les malheureux affligés d'une si faible vue.

L'argument pris des erreurs téléologiques, c'est-à-dire du défaut de concordance entre tel ou tel phénomène et le but, la finalité *supposés* de la création, paraît au premier aspect avoir quelque chose de plus sérieux, et cependant sa réfutation tient tout entière dans le mot que nous avons souligné.

On pourra en effet parler d'erreurs téléologiques quand on connaîtra l'ensemble de l'univers dans le temps et dans l'étendue, quand d'autre part on sera fixé sur les *causes finales*, quand on aura compris le comment et le pourquoi de toutes choses. Jusque-là il sera sage de s'abstenir.

Dès lors, si l'on cherche dans la nature une finalité rapportable à l'homme seul (toujours la conception anthropomorphique chez les prétendus adversaires de cette conception !), on ne l'y trouve pas, par l'excellente raison qu'elle n'y est point.

« Ce n'est pas pour toi que le monde existe, a dit Platon; c'est toi qui existes pour lui. »

Non, l'univers n'a pas été fait pour l'homme, ou du moins il a été fait pour lui comme pour les autres manifestations de l'être qui se produisent, à leur moment, sur tous les globes où se déroule la vie. Sans rien préjuger pour ou contre le transformisme, et au seul point de vue de l'indiscutable synchronisme entre les modifications du milieu et l'apparition des espèces, chacun de ces êtres est fils des séries qui l'ont précédé et forme l'une des conditions des séries suivantes, que les espèces passent des unes aux autres, ou que chacune soit créée de toutes pièces. Ce que seront les séries futures, nous n'en pouvons rien savoir encore; nous serions donc dans l'impossibilité de dire que les phénomènes actuels sont contraires ou conformes au but de la création, si nous n'avions précisément en faveur de cette dernière hypothèse les enseignements du passé. La science ne nous montre-t-elle pas en effet les mondes se séparant de la nébuleuse primitive, l'évolution géologique aboutissant à la vie, celle-ci évoluant à son tour, malgré des régressions accidentelles, vers des organismes supérieurs, et enfin l'épanouissement de l'intelligence, la naissance des âmes au sommet des manifestations vitales? Quelles seront les formes prochaines de la substance, quelles seront ses formes dernières, si même l'ascension ne doit pas être indéfinie, ceux-là seuls, répétons-le, pourront le dire qui auront embrassé d'un coup d'œil l'espace et l'éternité; ceux-là seuls par conséquent auront le droit de signaler des anomalies dans le procès des créations successives (on sait en quel sens nous entendons ce mot).

Ce qui est vrai de l'univers, l'est également de notre habitat particulier, le globe terrestre. Mais ici la connexité est plus étroite. Nous sommes, dans la série, le dernier terme *actuel*. Les espèces précédentes nous ont donc tout naturellement paru se subordonner à nous et, dans la mesure sus-indiquée, il est même légitime de dire que l'homme a été le but, la fin *temporaire* de la création terrestre. Mais à son tour il devient un des moyens de cette même création, et c'est ce qu'il est trop prompt à oublier, ou du moins ce qu'il ignore généralement. De là cette illusion d'une finalité en vue de lui seul et sa révolte contre ce qui lui apparaît comme d'illogiques exceptions.

La réponse est tout aussi facile en ce qui concerne les formes organiques superflues. *Natura non facit saltus*. Que les espèces se transforment ou qu'elles demeurent immuables jusqu'à leur disparition, la nature passe de l'une à l'autre par des changements gradués, et cela demeure vrai pour ceux qui considèrent ses processus comme régis par une volonté souveraine, qui voient le législateur derrière le rideau de la loi. Loin qu'il faille s'étonner des témoignages de son mode d'action, il y aurait lieu d'être surpris qu'il n'en subsistât aucun et on devrait peut-être remercier l'Intelligence suprême de venir ainsi au secours de notre infirmité. C'est ici en effet la place d'une réflexion moins plaisante qu'elle n'en a l'air. Sans les vestiges, chez certaines espèces, des organes d'espèces voisines, sans le rudiment de membrane clignotante que l'on aperçoit au coin de nos paupières, sans nos vertèbres cocciales superflues, l'un des arguments favoris des matérialistes leur échapperait : il leur serait impossible de se prévaloir de l'étroite parenté des espèces, les races humaines comprises. Voilà donc MM. Büchner et consorts tributaires de la finalité !

Boutade à part, cette finalité providentielle apparaît clairement dans la disproportion entre certains organes et leurs fonctions *actuelles*. Un disciple et un émule de Darwin, M. A. Russel Wallace, a le premier signalé cette anomalie et en a donné de nombreux exemples. Le plus significatif est celui pris de la capacité crânienne chez l'homme préhistorique ou sauvage, comme aussi de la constitution anatomique de l'encéphale chez ce dernier.

Les manifestations intellectuelles des primitifs n'étaient sans doute, et en tous cas celles du Boschiman et du Fuégien ne sont certainement pas très supérieures aux facultés révélées par les actes des grands singes anthropomorphes. (L'argument ne peut être refusé par les matérialistes de nos jours, tous adeptes du transformisme). Cela posé, et la capacité crânienne des animaux dont s'agit étant figurée par 10, celle de l'homme préhistorique et du sauvage actuel peut être évaluée en moyenne à 26 et celle du civilisé à 32. On le voit, l'écart entre les deux premiers termes est considérable. De même pour la complexité des formes du cerveau : elle est sans comparaison possible chez l'anthropomorphe et chez le sauvage. Au contraire, celui-ci et le civilisé sont très voisins aux deux points de vue, alors cependant que le rapport entre leurs facultés intellectuelles peut être de mille à un. Or, la thèse du transformisme est que la sélection naturelle développe les organes parallèlement et proportionnellement aux besoins : dans cette théorie, des formes inutiles ou nuisibles aux besoins actuels (notre auteur cite de ces dernières) sont inexplicables. La conclusion est donc que *certains organes sont construits à l'avance pour des fonctions ultérieures :* « Il me semble, dit M. Russel Wallace, que le cerveau préhistorique et celui du sauvage prouvent l'existence de quelque puissance distincte de celle qui a guidé le développement des animaux inférieurs à travers tant de formes variées [1] », c'est-à-dire « une force autre que la sélection naturelle [2]. » Il en résulte donc : « qu'une intelligence supérieure a guidé la marche de l'espèce humaine dans une direction définie et vers un but spécial [3]. » Ne l'oublions pas : c'est un darwiniste qui parle.

On peut, après cela, admettre ou rejeter l'hypothèse des « êtres supérieurs », sortes de demi-dieux que Russel Wallace, dominé par

[1] *La Sélection naturelle. — Essais.* — Traduction française de M. Lucien de Candolle, p. 360.
[2] Id. *ibid.*, p. 366.
[3] Id. *ibid.*, p. 270.

la considération de la loi de continuité, place immédiatement au-dessus de l'homme et à l'action desquels il attribue les phénomènes par lui constatés ; nous n'avons pas à suivre le savant dans son excursion hors de la science. Mais les faits demeurent, indéniables, et aussi l'insuffisance quant à ce de l'hypothèse transformiste. Si l'on nous offre une explication plausible, en dehors d'une intelligence disposant les moyens en vue d'un résultat, nous sommes prêt à l'accepter.

On critique encore la surabondance des germes vitaux, et même celle des individus, dont la plupart, dit-on, naissent et périssent sans profit pour l'œuvre de la nature, alors que quelques-uns suffiraient pour assurer la conservation et l'évolution de l'espèce. Il ne serait peut-être pas inutile de se demander d'abord si les individus vivent uniquement pour l'espèce et si par hasard ils n'existeraient pas un peu pour eux-mêmes. Mais passons. Si on constate, par rapport à une espèce donnée, d'apparentes superfluités, qui pourra affirmer que ce ruissellement de la vie est sans utilité pour la création universelle, dont nous voyons une seule face? Et même, dans ces limites, serait-il si difficile de démontrer que le monde est une chaîne sans fin et que tous les anneaux en sont solidaires? Vraiment, le débordement des énergies vitales chez les espèces inférieures a été inutile pour les termes suivants? Et comment les espèces primitives auraient-elles résisté aux causes de destruction accumulées autour d'elles? Mais il fallait supprimer ces dernières! Et supprimer aussi, sans doute, les formes ultérieures à la production desquelles elles ont concouru? Destruction ici, création là. Et d'autre part le résidu de cette prodigieuse activité de la vie n'est-il pas l'indispensable support des êtres plus tard venus? Oseraient-ils le nier, ceux qui savent que des couches entières de l'écorce terrestre sont formées par des débris d'animalcules; que de plus la totalité peut-être des êtres vivants succomberaient à l'instant si les détritus des générations antérieures, animales ou végétales, étaient subitement anéantis? En vérité, il serait étrange d'entendre sortir ces raisonnements de la bouche d'observateurs de la nature, de gens qui se réclament des théories darwinistes, si on ne savait à quel point ils les pressurent dans le vain espoir d'en faire sortir ce qu'elles ne contiennent pas.

Et quelle n'est pas encore de nos jours l'utilité des infiniments petits? Si les uns ne transformaient les résidus de la vie supérieure, quel encombrement après quelques séries, et où les séries nouvelles trouveraient-elles leur place et iraient-elles chercher leur éléments matériels? Si les autres, les ferments nitriques par exemple, ne contribuaient à la désagrégation des roches et surtout ne fixaient dans le sol l'azote de l'air, que deviendrait la végétation? Dira-t-on encore que les uns et les autres ont existé ou existent sans profit?

Restent les monstruosités. C'est peut-être ici l'une de ces énigmes devant lesquelles, en l'état de nos connaissances, il faut s'incliner sans chercher à comprendre. Mais, si d'un côté nous avons prouvé Dieu, si de l'autre nous avons fait justice des objections précédemment élevées contre sa sagesse, suffira-t-il d'un aveu d'impuissance sur un point de détail pour ruiner d'un coup toutes nos certitudes? Oui, si pour les athées il n'est plus de mystères dans la nature; oui, encore une fois, si leur esprit a mesuré et disséqué l'infini.

Notre impuissance est-elle cependant radicale et la question est-elle encore enveloppée d'une complète obscurité? Il nous semble que le fait même que le dérangement des conditions aboutit à la production d'êtres monstrueux est la démonstration de l'unité de loi et de plan. Si, nonobstant cette modification, les résultats demeuraient les mêmes ou variaient indifféremment dans tel ou tel sens, c'est alors qu'on serait fondé à nier la loi et par suite le législateur, à crier à l'arbitraire ou à la fatalité.

On a donc eu raison de le dire : « les monstruosités sont des dérogations à une loi connue, en vertu de lois inconnues[1] ». Les perturbations dans la marche des corps célestes ont d'abord passé pour des anomalies, des monstruosités sidérales : puis une observation plus attentive, des calculs plus exacts ont fait voir qu'elles étaient la conséquence nécessaire des lois de la gravitation et la raison de l'équilibre des mondes. La science expliquera peut-être un jour de la même manière ce qui est encore du domaine de la tératologie.

En définitive, nous sommes toujours ramenés à la réponse première : l'univers ne peut être que le produit du hasard ou celui d'un ensemble de lois ; la science conclut à la seconde explication, qui est d'ailleurs la condition de la science elle-même ; celle-ci convient de plus, ou plutôt elle enseigne comme une vérité élémentaire que les lois sont immuables ; logiquement, le désordre est donc impossible, et nous sommes contraints ou de renier la raison ou de conclure que les anomalies apparentes sont des défaillances de notre intelligence devant un problème qui la dépasse. « Il

[1] J. Simon, *op. cit.*, p. 137.

se peut que nous appelions mal ce qui nous paraîtrait bien si notre science était plus étendue [1]. » De fait, et en dehors même des exemples cités plus haut serait-il si difficile de montrer combien d'erreurs de ce genre ont déjà été rectifiées par le progrès de nos connaissances ?

Il est pourtant une sorte de mal auquel cette explication paraît difficilement s'appliquer : nous voulons parler du mal moral, dont les deux aspects sont les vices privés et les injustices sociales. Ici — nous devons le confesser — le désordre n'est plus apparent, mais réel ; réel par rapport à nous, réel peut-être au point de vue absolu.

Mais avant d'accuser la sagesse divine, il faudrait remonter à la source de cette espèce de mal, et cette source, nous l'avons précédemment indiquée (v. p. 99). De toute évidence, et le vice individuel et le vice social reconnaissent pour cause les imperfections de notre nature et l'abus que nous faisons de notre liberté.

L'homme ne pouvait être qu'à la condition d'être imparfait : l'imperfection, nécessaire, a, nécessairement aussi, une forme, et c'est cette

[1] J. Simon, *op. cit.*, p. 137.

forme que nous appelons le mal. Il est, pensons-nous, superflu d'insister sur ce point[1]. D'autre part, pour avoir le droit de maudire la Divinité, il faut proclamer que l'existence et la liberté sont mauvaises, soit en elles-mêmes, soit par leurs résultats. Nous ne nous attarderons pas, si le lecteur le permet, à prouver que l'être est supérieur au non-être, la liberté à l'esclavage. Il est des pessimistes qui affectent de le nier. S'ils le font sincèrement et de bonne foi, nous nous déclarons impuissant à les convaincre : il est comme cela des vérités, mathématiques ou morales, que l'on renonce à démontrer à de certains esprits, faits de certaine façon. Si leur double anathème n'est qu'un cri de souffrance — et c'est le cas pour tous ceux qui ne cherchent pas à éblouir le monde par d'ingénieux paradoxes — il faut convenir avec eux que la vie et le libre arbitre, deux choses fort bonnes en soi, donnent trop souvent ici-bas des fruits bien amers, et que ce serait à désespérer de la sagesse et

[1] .... Dieu .... fit l'être...
... imparfait, sans quoi, sur la même hauteur,
La créature étant égale au Créateur,
Cette perfection, dans l'infini perdue,
Se serait avec Dieu mêlée et confondue,
Et la création, à force de clarté,
En lui serait rentrée et n'aurait pas été.
La création sainte, où rêve le prophète,
Pour être, ô profondeur ! devait être imparfaite,
V. Hugo. — Contemplations. — *Ce que dit la bouche d'ombre.*

de la justice divines si dans l'avenir le mal terrestre devait être une quantité constante et si le mal passé ne devait être réparé. En d'autres termes, il s'agit ici de la loi du progrès et de l'immortalité de l'âme. Nous demandons la permission de renvoyer l'examen de l'un et de l'autre point au moment où nous possèderons tous les éléments de la solution.

Nous aurions pu, comme on le fait généralement, donner de la suprême sagesse une démonstration directe en énumérant les témoignages de la providence divine dans l'agencement de l'univers, dans la conservation et l'ascension continue de la vie. Mais ces témoignages sont si éclatants pour tout esprit non prévenu, cette tâche, si facile et si belle, a été en outre si souvent remplie, et parfois en termes si magnifiques, que nous n'avons jugé ni nécessaire ni prudent de l'entreprendre à nouveau. D'un autre côté, l'homme étant plus accessible aux critiques qu'aux apologies, il importait davantage à nos yeux de dissiper les ombres jetées par l'athéisme sur ce grandiose tableau et la réfutation des objections posées nous a paru la plus convaincante des preuves.

Si nous nous abstenons, c'est donc par une modestie trop justifiée et nous renvoyons le lecteur aux œuvres inspirées où se trouve dépeinte en traits saisissants la divine providence traçant à travers l'immensité les routes des mondes, faisant sur chaque globe éclore à l'heure propice les êtres et les âmes, assurant la conservation des espèces animales par l'instinct, auquel chez les espèces supérieures l'intelligence commence à apporter son concours ; réalisant de même le progrès indéfini des races humaines par la raison, par la sensibilité esthétique et morale, par la liberté.

Quant à nous, et pour nous renfermer dans le cercle plus étroit que nous nous sommes tracé, nous aborderons seulement en quelques mots deux ou trois points présentés comme des arguments contre la réalité de cette même providence.

Le premier consiste dans une prétendue explication de l'instinct des animaux. Il n'est autre chose, a-t-on dit, que l'accumulation des habitudes. Or, il est des espèces chez qui ces habitudes, en les supposant contractées par les parents, n'ont pu se transmettre. Exemple, les insectes, qui ne connaissent ni leurs auteurs ni leur descendance et qui cependant prennent les précautions les plus minutieuses et les mieux appropriées pour assurer l'existence de leur progéniture : tels les pompiles herbivores, rassemblant autour de leurs œufs les aliments destinés aux larves carnivores. Bien plus, ces prétendues habitudes n'ont pu commencer, se former par conséquent. Si le premier individu n'avait réalisé dès l'origine toutes les conditions indispensables à la conservation de l'espèce, celle-ci n'aurait pu se constituer et se serait éteinte avant de s'affirmer. Il faut donc ou reconnaître chez les animaux un instinct inné, ou leur accorder une intelligence intuitive et infaillible, c'est-à-dire supérieure à l'intelligence humaine. Intuitive, car où l'expérience fait défaut, l'homme lui-même est incapable de choisir les moyens en vue du but à atteindre. Et ce que l'homme ne peut faire, l'insecte le ferait, dans l'hypothèse. Ainsi, comment la mygale construirait-elle son ouvrage merveilleux, à la fois piège et habitation? Comment surtout aurait-elle appris à ménager, près du bord du couvercle opposé à la charnière, *et non ailleurs*, les trous auxquels elle se cramponne quand un ennemi cherche à violer son domicile? Qui donc lui a dit que là était le point le plus favorable à la résistance? Qui lui a enseigné, en d'autres termes, la théorie du levier, ignorée des premiers hommes?

Au surplus, c'est là une observation générale s'appliquant aux actes qui, chez tous les animaux — on pourrait même dire chez les végétaux, car les naturalistes citent des faits surprenants — tendent à la conservation de l'espèce ou de l'individu. L'instinct de conservation, l'instinct sexuel, les simples appétits ne sont évidemment pas acquis, mais innés : ils se manifestent chez tous les êtres vivants sans exception, et chacun à son heure ; l'habitude n'y est pour rien, que nous sachions. La fameuse « lutte pour la vie », dont nos contradicteurs ont tant usé et quelque peu abusé, qu'est-elle donc, sinon un instinct ?

Après cela, et de même que « l'instinct formateur de la nature lui a été donné par un certain formalisme », suivant la géniale explication des matérialistes (v. p. 197, *note*), peut-être son instinct conservateur lui vient-il d'un certain conservatisme, et alors tout s'éclaircit.

La providence, Dieu par conséquent, disent encore les athées, sont des facteurs superflus, des hypothèses inutiles, la génération spontanée et l'évolution des espèces suffisant à expliquer et à perpétuer le monde vivant. Voyons ce qui en est de l'une et de l'autre affirmation.

Tout d'abord, on aura bien vite reconnu que la querelle entre les germes et la génération spontanée est indifférente à la question de l'existence de Dieu.

Sans prétendre trancher un débat encore pendant entre les plus hautes autorités scientifiques, il paraît certain que les êtres organisés sont nés soit, par fissiparité, hermaphrodisme ou génération sexuelle, de parents semblables à eux, soit de l'évolution d'espèces immédiatement voisines (si l'on est partisan des théories transformistes). En ce qui concerne la matière organique rudimentaire, le protoplosma, l'opinion commune est qu'on n'en connaît de vivante que celle qui fait partie d'un être vivant. Il n'y a, dit l'Ecole, aucun intermédiaire entre la matière minérale et la cellule vivante, bien que quelques-uns aient voulu considérer comme tel le cristal, qui jouirait d'après eux d'une sorte de vitalité sourde. Toute cellule vient d'une autre cellule : c'est un aphorisme qui rencontre encore peu d'opposants. Toutefois, c'est évidemment par rapport au protoplasma que la question peut être agitée et qu'en fait elle l'a été. D'aucuns pensent notamment que les matières albuminoïdes peuvent, dans certaines conditions qui se seraient rencontrées à l'origine des organismes, se transformer en un protoplasma d'abord amorphe, au sein duquel, en dehors de toute fécondation extérieure, s'organiserait et se développerait ensuite la cellule. A vrai dire, il semble difficile que le premier processus de la vie terrestre n'ait pas été celui-là, ou quelque autre analogue. A cet époque en effet — et sans nous préoccuper de savoir si « la première poule est sortie du premier œuf ou le premier œuf de la première poule » — il n'y avait évidemment aucun parent des êtres, partant aucun germe reproducteur. Si on soutient le contraire, on en sera réduit à faire venir, avec quelques rêveurs, ce germe d'une planète voisine, voire du soleil ou des étoiles. Encore faudra-t-il bien que la vie ait commencé quelque part. Là, elle se sera donc manifestée spontanément, mais il faut comprendre en quel sens.

Une fois réunies les conditions de la vie, un organisme prendra naissance sans parents et sans germes, nous le voulons bien : naîtra-t-il sans cause ? Or, quelle est cette cause ? Qui aura voulu et fait que les forces physico-chimiques, mises en présence de la matière (forces de substrat) dans telles et telles conditions, aient produit la vie, ou plus exactement se soient transformées soit en force vitale, soit en forces physiologiques coordonnées? Tout est là, et la question demeurerait entière alors même que l'homme arriverait à réaliser ces conditions. On ne peut ruiner l'idée de Dieu et de sa providence sans avoir démontré que les forces physiques prises *in specie* sont douées d'une sorte de déterminisme, de conscience, de volonté. Sinon, si ces forces ne se commandent pas elles-mêmes, on sera bien obligé de reconnaître qu'elles obéissent !

La vie, une fois « spontanément » apparue, poursuit l'école que nous réfutons, évolue d'une façon tout aussi spontanée vers des formes supérieures, en vertu d'un certain nombre de lois immuables et par des procédés d'une remarquable simplicité.

Nous le voulons encore, sans que notre incompétence ose se prononcer autrement en faveur d'hypothèses qui nous paraissent néanmoins des plus séduisantes et des plus rationnelles, le critérium expérimental demeurant réservé. Qu'en résultera-t-il ?

Invoquer contre l'idée de Dieu la fixité des lois naturelles et le fonctionnement régulier des forces secondes, induire de la sagessse et de la solidité de la règle l'inexistence du législateur, de la perfection de l'œuvre l'absence de l'ouvrier, c'est certainement une des plus étranges aberrations de l'esprit de système. Répéter avec Moleschott que si un Dieu « désigne le but et choisit les moyens, la loi de la nécessité disparaît de la nature » et que « chaque phénomène devient le jeu du hasard et d'un arbitraire sans fin », c'est affirmer qu'une multitude sans organisation politique est préférable à une société bien réglée et que plus la loi sera souple et ferme à la fois, mieux elle s'adaptera aux innombrables exigences sociales, plus il sera certain qu'aucun être intelligent ne l'aura édictée.

De même pour la simplicité des moyens. La marque d'une haute intelligence n'est pas de faire peu avec beaucoup, mais de faire beaucoup avec peu. Cette simplicité est même la caractéristique du génie humain, comme la multiplicité des efforts et des procédés est celle de la faiblesse et de l'ignorance.

Les matérialistes peuvent après cela tracer le tableau, du reste véritablement merveilleux, de l'évolution d'une espèce à l'autre et même d'un règne au règne voisin, du progrès incessant des formes et des organismes, de l'ascension de la vie depuis la monère jusqu'à l'homme, ou encore nous montrer l'œil humain, ce prodigieux exemple de délicatesse et de complexité, se développant d'une simple tache pigmentaire, — si l'expérience leur donne définitivement raison, ils n'en auront rendu qu'un plus éclatant hommage à la grandeur divine. Singuliers logiciens, qui représentent justement le miracle comme une puérilité et le réclament à la fois pour confesser la suprême Intelligence [1].

[1] « Ayant considéré quelques-unes des causes prochaines de la variation et quelques-unes des lois générales de l'évolution, nous sommes naturellement conduits à considérer la cause originelle ou infinie. Il me paraît que les preuves d'un dessein dans la nature sont acablantes. Un cosmos où tout serait livré au hasard est inconcevable pour la plupart ; il ne reste donc qu'une alternative, celle d'un cosmos qui résulte d'un dessein. La vue la plus philosophique est probablement celle d'après laquelle une

Nous croyons avoir rempli la première partie de notre tâche et pouvoir aborder la question du mal sous son autre forme, la souffrance, présentée comme contradictoire non plus seulement à la sagesse, mais à la justice divine.

Une réflexion s'impose tout d'abord. Sommes-nous bien fondés à accuser si amèrement la Divinité, à la rendre pleinement responsable de nos douleurs, dès qu'il est constant que pour la plus grande partie notre mal vient de nous-mêmes ? Les fautes de chacun de nous, nos manquements au devoir de justice et de charité se répercutent dans le corps social et sont la cause principale de ses imperfections, dont tous ses membres subissent plus ou moins les dures conséquences. Que le juste ait le droit de refuser cette cruelle solidarité, c'est incontestable. Mais hélas ! combien de nous

puissance créatrice intelligente a opéré et opère encore selon des lois ordonnées, les manifestations de détail étant abandonnées à des causes secondaires et à des activités limitées, et la cause infinie étant ce qui maintient l'univers. L'évolution implique logiquement l'idée que la vie a pris naissance par l'action des forces inorganiques qui sont à l'œuvre sur notre globe, et ce n'est qu'en ce sens qu'elle modifie notre conception du Créateur. De la sorte nous sommes conduits à la conviction que les causes de l'évolution se rattachent en définitive à une cause première infinie, et que la théorie de l'évolution n'est en aucune façon destructive de l'idée d'un Créateur ». — Anonyme. — Causes de la variation chez les êtres organisés (*Revue scientifique*, 26 septembre 1891).

peuvent se rendre témoignage qu'ils n'ont jamais « péché contre le prochain » ? D'ailleurs les plus coupables sont presque toujours les plus arrogants dans leurs révoltes : la douleur de l'honnête homme est silencieuse. Ne serait-ce point que, malgré les dénégations du pessimisme, la paix de la conscience est en définitive le baume souverain ?

Ce n'est pas tout. Nous souffrons de nos fautes non seulement en ce qu'elles grossissent le commun fardeau et le rendent ainsi plus lourd à chacun, mais encore et peut-être surtout par leurs suites directes et immédiates vis à vis du coupable lui-même. Non que cette règle ne souffre de trop nombreuses exceptions et que nous prétendions, avec quelques esprits aux illusions généreuses, que tout acte moral ou déshonnête trouve ici-bas sa récompense ou son châtiment. En général cependant, nos maux physiques reconnaissent pour cause les imprudences et les excès, en un mot nos infractions aux sages préceptes de la nature ; quant à nos souffrances morales, elles sont souvent la suite soit de la violation du devoir, soit de notre manque d'énergie ou de résignation. Ce qu'il peut pour en diminuer l'acuité, quand il sait vouloir, tout homme a eu maintes fois l'occasion de s'en convaincre. Prenons-nous en donc en premier lieu au mauvais usage de notre liberté, à notre abandon de nous-mêmes, à la paresse de notre volonté — nous ne disons pas à sa faiblesse, car c'est bien différent; — reconnaissons que nous sommes les principaux artisans de notre propre malheur.

Si nous nous en tenons à la somme de mal dont nous ne sommes pas directement ou indirectement responsables, nous pouvons faire tout de suite une constatation consolante: c'est qu'elle va toujours en diminuant; c'est que la loi du progrès régit le monde.

Les univers émergent d'abord du chaos nébuleux, et leur évolution prépare le terrain où doit éclore la vie; celle-ci se développe, tendant toujours vers des formes de plus en plus complexes; l'homme apparaît, son intelligence s'éveille et grandit; il s'asservit la terre, et sa condition matérielle et morale va s'améliorant tous les jours. Le nombre des souffrants diminue sans cesse, comme aussi celui des maux qui torturent l'homme dans sa chair et dans sa pensée (sous réserve des maux imaginaires qu'il se crée; il s'agit uniquement ici de ceux qui lui viennent du dehors) : l'esclavage ne sera bientôt plus qu'un souvenir; la guerre n'est plus à l'état permanent, et peut-être ne faut-il pas désespérer de la voir disparaître quand nous serons complètement sortis de l' « état de nature », car nous sommes encore bien près de notre origine, — à moins qu'il ne faille attendre ce résultat du progrès des moyens de destruction ; sauf dans quelques coins reculés du monde, on ignore aujourd'hui la famine ; les épidémies rétrogradent devant les mesures préventives ou curatives ; le domaine de la misère se retrécit d'un siècle à l'autre ; dans toutes les classes se répandent de proche en proche le goût et la possibilité du bien-être, qui sera assuré le jour où les rivalités de peuple à peuple s'amortiront et où les immenses ressources qu'elles absorbent et stérilisent pourront recevoir leur emploi rationnel. Faut-il enfin parler des prodigieuses conquêtes de la science ? Ce progrès incessant, des esprits chagrins le contestent : quelle évidence n'a été niée ? Les faits et les enseignements de l'histoire sont là pour répondre, et nous allons même arracher à ces aveugles volontaires l'aveu qu'ils nous refusent. Accepterait-il, celui d'entre eux à qui l'on offrirait de retourner à n'importe quel moment des temps écoulés ?

M. H. Spencer estime que ce progrès doit aboutir à la perfection : « Il est sûr que ce que nous appelons le mal et l'imperfection doit disparaître ; il est sûr que l'homme doit devenir parfait[1] ». Et ailleurs : « Quand le chan-

[1] *Social statics*, éd. de 1868, p. 88.

gement qui s'opère sous nos yeux sera achevé, quand chaque homme unira dans son cœur à un amour actif pour la liberté des sentiments actifs de sympathie pour ses semblables....., la moralité, l'individuation parfaite et la vie parfaite seront en même temps réalisées dans l'homme définitif[1] ».

Accepterons-nous sans réserve la perspective séduisante ouverte à nos regards par l'éminent et profond penseur? Non, et nous devons formuler une restriction. Tout cela est vrai, en tant qu'il s'agira de la perfection *relative* de l'homme, de son adaptation complète à la vie sociale, à tous les moments de progression de celle-ci. En ce sens, cette perfection peut se réaliser à chaque degré du développement de l'espèce : la tribu sauvage dont tous les individus possèdent le moyen de satisfaire leurs appétits physiques et leurs rares besoins moraux est parfaite; la société civilisée de l'avenir, d'où auront disparu la maladie, la guerre, les vices et l'égoïsme mal entendu sera parfaite aussi. Et cependant son progrès continuera. Cette perfection ne sera pas immuable : elle sera elle-même — qu'on nous pardonne cette apparente contradiction — indéfiniment perfectible, à la condition que les moyens d'adaptation, une fois atteint ce point

[1] *Social statics*, p. 497.

de complète concordance, se développent parallèlement aux besoins qui naîtront chaque jour de la marche en avant. Quant à la perfection absolue, immuable, c'est-à-dire pour laquelle aucun progrès n'est possible, elle ne peut exister qu'en Dieu. Il n'y aura donc jamais « d'homme définitif ».

Cette marche en avant est coupée de temps d'arrêt et même de reculs. A de certains moments de l'histoire universelle, telle race semble répudier la civilisation et dessiner un retour vers la barbarie; telle autre est comme frappée de dégénérescence et marquée pour la mort. Qu'arrive-t-il ? Ou c'est une simple crise après laquelle le peuple atteint se relève plus vigoureux; ou bien, pour employer la belle image de Lucrèce, il laisse, coureur fatigué, passer en d'autres mains le flambeau qui éclaire à travers les siècles la route de l'humanité. Peut-être notre temps nous offre-t-il un de ces exemples. A l'heure actuelle, la plupart des nations de la vieille Europe paraissent renier leur foi dans le droit et la justice et n'avoir d'autre culte que celui de la force. Hélas ! chez l'une d'elles, la décadence paraît s'accuser: la soif de jouissances s'exaspère, les appétits sensuels poursuivent âprement et ouvertement leur satisfaction; la pudeur publique s'émousse après la moralité privée; le sens du bien et du mal s'oblitère et, conséquence inéluctable, le génie national, fait de bon sens et de finesse, sombre dans la recherche puérile ou la brutalité ; la dépopulation s'accentue, et on dirait la race près de s'éteindre. Des esprits généreux, des cœurs ardents luttent de tout leur pouvoir. Ils sont vaillants et nombreux, et grâce à eux des signes de relèvement commencent à apparaître. Ces espérances ne peuvent être vaines. Non, le rôle de la France n'est pas terminé et son histoire n'est point close ! La foi du philosophe dans l'avenir du genre humain pourra demeurer entière sans que saigne le cœur du patriote, et l'excès du mal nous fera trouver le remède.

Car voici que se révèle un côté bien intéressant de la question. A quel stimulant obéit l'homme dans sa recherche du mieux ? Qui donc lui suggère le désir de ce mieux, si ce n'est le sentiment du moins bien, la souffrance en un mot ? Sans elle, l'homme n'éprouverait nul besoin d'une condition supérieure ; sans elle il n'aurait aucune aspiration vers l'idéal et, ses premiers besoins physiques satisfaits, demeurerait semblable à la bête repue. Est-ce là le *desideratum* ultime de nos pessimistes ? Font-ils vraiment consister le bonheur dans l'insensibilité morale et dans l'anéantissement de toute pensée ? On ne discute pas certaines doctrines, si ce n'est pas prostituer le mot. Bornons-nous cette fois encore à une constatation. Il est des hommes — en petit nombre, mais il en est — dont la vie morale est effectivement éteinte et qui ne réclament rien une fois le corps satisfait : quelqu'un des êtres d'intelligence moyenne, qui sentent le mal et qui en souffrent, voudrait-il échanger son sort contre le leur? Prenez le plus déshérité des individus humains, l'être dont l'âme et le corps sont arrivés au paroxysme de la douleur, et proposez-lui d'éteindre sa souffrance dans le néant, il acceptera peut-être ; garantissez-lui les jouissances matérielles en lui demandant le sacrifice de sa pensée, il refusera sûrement de vivre à ce prix.

Résumons-nous. L'homme est responsable de la plus grande partie de ses maux et il dépend de lui de les atténuer dans une forte proportion; la condition humaine est de moins en moins misérable; enfin, les rudes froissements que nous font subir les choses ont leur utilité et par certains côtés peuvent être considérés comme un véritable bien. Toutefois, le mal en subsiste-t-il moins, si mérité ou si réduit qu'on le suppose? La douleur, me dit-on, est la condition de mon existence ; elle est encore la suite nécessaire de l'existence de l'univers. Et après? Je n'ai pas demandé que le monde fût, et je n'ai pas demandé d'être. Si donc la création n'a d'autre but que la création même, cette condition, dont je suis la victime innocente, est une monstrueuse iniquité. Or, l'injustice et Dieu ne peuvent coexister; j'entends Dieu tel que vous me le dépeignez, déistes de toute école: Dieu juste et bon, ou Dieu source de ce que les hommes appellent justice et bonté. Il restera peut-être, comme raison du monde, une puissance effroyablement insensible, une intelligence aussi sublime que vous le voudrez, mais en définitive un être à la face duquel je puis, sans crainte que son insensibilité s'en émeuve, jeter du moins mon cri de colère. Surtout, je serai en droit de remédier à mon mal par tous les moyens, dussent les misères voisines en être centuplées. Que venez-vous en effet me parler de devoir, et si, quand il s'agit de moi, la justice n'est qu'un mot, de quel droit mon prochain se réclamerait-il contre moi de la justice?

Et nous le confesserons avec les misérables : toute souffrance imméritée et non réparée est injuste; puis nous ajouterons à notre tour: l'injustice et Dieu ne peuvent coexister.

C'est dire que nous croyons aussi fermement à la réparation qu'en Dieu lui-même. Nous aurons bientôt à revenir sur ce grave sujet ; mais on a depuis longtemps deviné en quoi pour nous cette réparation consiste.

Il est temps de formuler notre conclusion : le mal, apparent ou réel, n'est point une raison suffisante de nier la sagesse et la justice divines.

Nous pourrions pousser plus loin cette critique des qualités *attribuées* par le spiritualisme à la Dininité (telle est en somme le sens exact de cette expression : attributs divins), et nous verrions que toutes celles que nous passons sous silence pour ne pas faire longueur sont pareillement acceptées par la raison et que l'observation n'en contredit aucune. Il ne nous reste donc qu'à répondre à la troisième des questions posées : cela nous autorise-t-il à affirmer que ces qualités existent en Dieu, telles que le théisme les conçoit ? Oui, si l'essence de l'Être suprême nous est connue, si Dieu n'est que l'homme infiniment agrandi. Quant à nous, qui nous sommes toujours arrêtés devant le grand mystère, qui confessons l'incompréhensibilité de Dieu pour notre raison débile, nous ne pourrons que nous abstenir également de nier ou d'affirmer. Il nous est impossible — disons-le pour la dernière fois — de discerner la nature de l'Être absolu, impossible par conséquent de nous représenter clairement ses attributs, la première n'étant en définitive que la somme des seconds. Nous ne pouvons dès lors savoir si ce que nous nommons intelligence, volonté consciente et libre, puissance, sagesse, justice, etc., fait ou non partie de la perfection divine.

Mais nous savons maintenant que tout cela exprime des conditions de l'univers, tel que Dieu le crée incessamment, que tout cela émane de lui et par lui se réalise ou se réalisera dans le cosmos, actuellement et ici, ou bien dans le temps et dans le lieu fixés, puisque la preuve de presque toutes ces réalités, l'idée et le besoin de la dernière nous sont fournis par l'expérience, par la connaissance de l'œuvre divin. Tout cela, et par conséquent la justice — pour en revenir à ce qui nous touche de plus près — est donc vrai d'une vérité absolue, que la conception en soit innée en nous, ou plutôt que notre esprit en reçoive l'empreinte de plus en plus profonde à mesure qu'il grandit et se perfectionne ; — que ces réalités existent telles quelles en Dieu, mais étendues à l'infini, ou qu'elles découlent de réalités plus hautes, confondues dans la divine essence.

Nous avons essayé, par l'étude impartiale des effets constatés, de remonter à leur cause première. Une fois celle-ci rencontrée, une fois arrivés en présence de Dieu, quand il nous est clairement apparu par delà l'abîme qui nous en sépare, nous n'avons tenté ni de franchir ni de combler l'abîme. L'âme humaine s'arrête au seuil de l'infini, pleine d'émoi devant sa petitesse et la grandeur divine, confiante toutefois dans sa destinée, heureuse et légitimement fière de la victoire remportée sur le doute, adorant enfin, dans un élan de reconnaissance et d'amour, Celui qui lui donna le moyen de vaincre en lui donnant le moyen de savoir, en lui envoyant, par les sens et la raison, un reflet de sa propre lumière.

CHAPITRE XII

L'Homme.

Grâce à la rigueur et à la sûreté de notre méthode, nous sommes maintenant en possession de ce que nous appellerons les certitudes essentielles, c'est-à-dire des données indispensables pour la solution des problèmes accessibles à notre raison. Pour mieux dire, les plus hauts et les plus graves parmi ceux-là sont à présent résolus. Ou nous avons réussi à faire passer dans les esprits non prévenus les convictions à nous imposées par une recherche qui avait tout au moins le mérite d'une entière bonne foi et d'une complète indépendance, ou notre faiblesse a trahi la cause imperdable et le lecteur peut fermer ce livre. Car il ne s'agit plus maintenent que d'une application particulière des principes reconnus.

C'est de nous-mêmes qu'il va être question, de l'homme envisagé dans sa double nature, ou plutôt dans sa destinée, telle que peuvent nous la révéler les éléments de connaissance définitivement acquis ; la nature humaine en effet nous est déjà suffisamment connue dans sa constitution physique et morale par ce que nous en avons appris en étudiant le monde vivant et le monde des intelligences.

Au premier point de vue, l'homme — nous avons eu maintes fois l'occasion de nous en rendre compte — n'échappe pas à la hiérarchie des êtres. Il occupe ici-bas le premier rang de la série, mais il est dans la série et non en dehors d'elle : l'anatomie comparée ne permet d'ailleurs de conserver aucun doute à cet égard. Il est sur cette terre le plus haut produit actuel de la puissance créatrice, quel que soit le mode d'action de celle-ci, qu'elle procède par voie de transformation des espèces ou autrement. Il est de même le point de départ de perfectionnements ultérieurs, à moins que notre globe n'approche du terme de sa fonction et ne soit incapable de recevoir les formes supérieures de la vie, sûrement réalisées en des lieux quelconques de l'univers.

Sous le second rapport, nous pensons avoir exposé nos croyances avec une clarté et en avoir donné une justification suffisantes (v. chap. VI, VII et VIII), et nous n'y reviendrons pas, si ce n'est cependant pour tâcher de déterminer la place exacte de l'âme humaine dans la série intellectuelle, comme l'a été celle de notre organisme dans la série animale.

Nous n'aborderons pas la question, assez oiseuse à notre avis, de savoir s'il y a entre l'intelligence de l'homme et celle des animaux une différence de nature ou seulement de degré. Seul, nous dit-on, le nombre des degrés intermédiaires différencie tous les êtres au point de vue physique, les végétaux et les animaux au point de vue vital, ces derniers entre eux au point de vue intellectuel, et même ces trois grandes divisions de la chaîne des existences se tiennent si étroitement qu'il est impossible de distinguer les soudures. Nous n'y contredirons certes pas, après avoir reconnu dans la nature l'unité de plan et de substance et constaté que les métamorphoses de l'énergie subissent la loi de continuité (v. pp. 65 et 162). Mais une remarque des plus simples enlève au débat tout intérêt : ce sont précisément les différences de degré qui, à la longue, finissent par constituer des différences de nature. Plus on multipliera le nombre d'échelons nécessaire pour monter de l'infusoire à l'animal supérieur et de celui-ci à l'homme civilisé, plus profonde se creusera la démarcation entre le quadrumane et l'infusoire, entre l'homme civilisé et le quadrumane, l'homme primitif fût-il même — ce que l'on ignore encore — le frère germain de celui-ci ; et ils n'en seront que plus irréductibles l'un à l'autre.

En tous cas, au point où est parvenue l'intelligence humaine, un attribut la sépare nettement des facultés possédées par les animaux et cela sans doute en vertu d'une loi qui a refusé à ceux-ci les conditions nécessaires au progrès et les a concédées à notre organisme : nous voulons parler de l'indéfinie perfectibilité de la pensée chez l'espèce et chez l'individu.

Les animaux — cela paraît du moins difficile à nier pour quelques-uns — possèdent, dans une certaine mesure, la conscience, la mémoire, le pouvoir de généraliser, le sentiment du bien et du mal, etc., (étant toutefois réservées les facultés d'imagination et d'idéalisation). Tout cela constitue-t-il une *âme*, c'est-à dire un être distinct du corps bien que lié à lui, identique, permanent ? Ayons le courage de l'avouer : nous n'en savons rien au juste, quelles que soient les présomptions pour l'affirmative en ce qui concerne les animaux supérieurs. Malgré les efforts si louables et les observations si ingénieuses de tant de chercheurs, l'expérience n'a point encore parlé avec la netteté voulue pour trancher le débat et peut-être le problème est-il insoluble pour nous. Comment avons-nous pu nous prononcer relativement à nous-mêmes, si ce n'est en analysant notre propre pensée ? Comment donc pourrions-nous acquérir une certitude en ce qui touche les animaux, puisqu'il nous est impossible de pénétrer dans leur conscience, si conscience il y a, de savoir par exemple si la faculté à laquelle certains donnent ce nom n'est qu'une forme de la sensibilité, ou si elle s'élève à la claire notion du moi ?

Quoi qu'il en soit, et si loin que l'on veuille reporter les limites assignés à la pensée animale, ces limites existent et sont infranchissables. Certaines espèces, à tous les degrés de l'échelle, qu'il s'agisse de l'abeille, de la fourmi, de l'éléphant, du chien ou du singe, accomplissent des actes bien faits pour déconcerter les négateurs de cette pensée, mais ces actes sont en définitive les mêmes que ceux accomplis par leurs ancêtres : les abeilles n'ont pas progressé depuis Virgile ; les éléphants ouvriers de l'île de Ceylan ne montrent pas une intelligence supérieure à celle des éléphants guerriers de Pyrrhus ou d'Annibal ; le chien, depuis si longtemps domestiqué et objet d'une éducation ininterrompue, n'est pas capable aujourd'hui de traits plus extraordinaires que ceux rapportés par l'histoire écrite ou la tradition.

D'autre part, des expérimentateurs patients

ont essayé bien souvent, après avoir choisi dans une espèce animale des individus particulièrement intelligents et dociles, de porter aussi loin que possible le développement de leurs facultés mentales. Ils ont certes obtenu d'intéressants résultats, mais sans pouvoir jamais franchir les limites dont nous avons parlé.

Seule, la raison humaine est douée d'une perfectibilité à laquelle il ne semble y avoir d'autres bornes que la brièveté de la vie chez l'individu ou la disparition de l'espèce à la surface du globe. Il est superflu de montrer les progrès réalisés par cette dernière depuis son apparition sur la terre; et, quant à l'homme pris isolément, les exemples sont innomblables des effets de l'éducation, même sur les sujets appartenant à des races réputées inférieures.

Et maintenant, si ce progrès ne semble pendant la vie connaître aucun terme, s'arrête-t-il à la mort? L'âme suit-elle le sort des éléments dynamiques dont le groupement constitue le corps humain? Oui, si la pensée est une fonction de ces éléments mêmes, ainsi que le soutiennent les matérialistes. Non à coup sûr, si, comme l'affirme le spiritualisme, l'âme est une substance différente de la substance « matérielle ». Or, sous l'invincible pression de l'expérience, nous avons dû repousser l'une et l'autre hypothèse. Quelle est donc la réponse pour l'âme telle que nous avons été contraint de nous la représenter (v. ch. VIII) ?

Elle s'impose, nous semble-t-il.

Si la force psychique procède de la force universelle, elle n'en est pas moins une force propre ; si l'être pensant que cache et manifeste à la fois notre organisme puise sa substance dans la substance commune, il n'en est pas moins un être, un individu. Or, toute force est indestructible, aucune portion de la substance ne périt. Elles ne peuvent que revêtir des formes nouvelles ou retourner à leurs formes anciennes. Ceci n'est pas de la métaphysique, c'est de l'expérience pure et simple, une induction, une vérité qui résument la science contemporaine. Donc, en théorie, la force psychique peut se transformer, l'âme peut en ce sens cesser d'être ; mais, *en fait et jusqu'à preuve contraire*, pour parler la langue du droit, *elle est présumée continuer sous sa forme et avec ses propriétés actuelles.* Si cette preuve n'est pas faite, irréfragable, la survivance de l'âme au corps est par cela même hors de discussion. En d'autres termes, ce n'est pas à nous à prouver l'immortalité de l'âme : c'est aux matérialistes à nous démontrer que l'âme cesse d'être. On l'a déjà dit, mais nous le redisons avec toute la force d'une conviction appuyée maintenant sur des bases inébranlables. Nous mettons le matérialisme au défi de contredire cette vérité élémentaire, et de se réclamer en même temps de la raison et de la science.

D'ailleurs, il n'essaie même plus de renverser les rôles comme autrefois. Tacitement tout au moins, il accepte la situation qui lui est faite et tente en effet d'établir que toute pensée s'évanouit à la mort. Voyons ses arguments.

Ses arguments! Il n'y en avait qu'un à la vérité, qui les contenait tous : l'identité de l'âme et du cerveau, et nous avons surabondamment démontré (chap. VII) l'inanité de cette conception. Que reste-t-il donc à présent? Nous cherchons, et ne trouvons rien; car si le matérialisme a succombé quand il a voulu nous prouver l'inexistence de l'âme en tant qu'être distinct de la matière cérébrale, si toutes les fausses inductions tirées de la physiologie ont été l'une après l'autre mises à néant, si de cette critique a jailli l'affirmation de l'être contesté, il n'est plus qu'un terrain sur lequel nos contradicteurs puissent reprendre l'offensive. L'âme, disaient-ils, ne saurait survivre par la raison qu'elle n'est point. Or, elle est! Il faut donc maintenant qu'ils nous fassent assister à sa mort, c'est-à-dire, la preuve indirecte leur faisant défaut, qu'ils nous montrent directement, par voie d'expérience, la *retransformation* de la force psychique en force physique primitive. Et ils ne l'ont pas encore essayé !

Entendons-nous bien, afin qu'en jouant sur un mot on ne nous accuse pas de triompher trop aisément. Il ne s'agit pas ici d'expérience de laboratoire, de phénomène provoqué. Nous prenons ce terme au sens philosophique, synonyme d'observation. Nous ne demandons pas, ayant la prétention d'être sérieux, que les matérialistes métamorphosent artificiellement l'âme dans leurs creusets ou dans leurs alambics. Mais nous exigerons, avant de confesser la mort de l'âme, qu'on nous fasse voir, par des observations faites à l'heure suprême, cette force, impérissable comme toutes les forces, revêtant une forme nouvelle.

Car on nous a bien parlé de notre corps restituant en totalité à la circulation générale, par la décomposition cadavérique, et ses éléments matériels et son calorique, son électricité, etc. Ou du moins, si cette restitution n'a pu encore être mesurée exactement, on est fondé à l'induire de l'indestructibilité de la force sous l'un et l'autre aspect. Mais tout cela, c'est l'organisme physique, et rien que cet organisme, celui dont l'existence nous était connue par les sens ! Mais cette force mentale, révélée par la seule conscience et que nous avons montrée se constituant aux dépens des forces physiques, se séparant d'elles, vivant à partir de ce moment d'une vie propre et indépendante, en retrouve-t-on les épaves dans ce naufrage de la vie organique? Mais, si à des phénomènes d'ordre physique d'autres phénomènes du même ordre ont succédé, qu'est-ce donc qui a remplacé le phénomène mental? Vous ne le constatez plus, pourquoi? Parce que l'organe à l'aide duquel il se manifestait à vos sens lui fait défaut, parce que ces sens eux-mêmes sont désormais trop grossiers pour le percevoir sous son nouvel aspect, comme ils sont trop obtus, vous en convenez, pour connaître même de certains phénomènes purement physiques.

On fera peut-être une objection. Si le cerveau est nécessaire à l'être pensant pour sentir et pour élaborer la pensée, il n'y a plus de pensée possible après la mort cérébrale, partant plus d'âme.

La réponse est facile. Après la mort terrestre, l'âme ne possèdera évidemment pas un organe semblable au cerveau. Il est certain d'autre part que, sans moyens de relation avec le monde extérieur, avec le non-moi, aucune pensée relative à ce non-moi ne saurait se former, du moins aucune pensée relative au présent, réserve étant faite des souvenirs accumulés pendant la vie intra-corporelle. Qu'est-on en droit d'en conclure ? Uniquement que ces moyens de relation seront autres. Et — cela est non moins incontestable — ces moyens, ces organes, n'ayant aucun rapport avec notre nature (puisque les conditions de l'être sont totalement changées), nous ne pouvons savoir en quoi ils consistent et peut-être ne peuvent-ils affecter nos sens en aucune manière : il n'y a donc aucun argument à tirer de l'ignorance où nous sommes à l'égard des manifestations psychiques ultérieures.

D'un autre côté, l'âme, étant inétendue (v. p. 138), échappe forcément à nos procédés physiques d'investigation. Il en est de même, au surplus, du principe vital, un ou complexe. Qu'il soit une résultante ou une force spéciale, on n'a pu encore déterminer, au sein du germe, le point précis de son habitat. Il n'y a dès lors rien d'étonnant à ce que, si la mort est la naissance à un monde nouveau, cette seconde genèse, s'accomplissant dans des conditions et dans un milieu différents de ceux où nous nous mouvons, nous demeure mystérieuse. Nous expliquons la première, si c'est expliquer un fait que d'en suivre les péripéties sans les comprendre ; — mais pourquoi ? Uniquement parce que ses effets, et rien de plus, impressionnent nos sens. Le principe animique contient l'être que nous serons, comme le principe vital contenait l'être que nous sommes ; l'un pas plus que l'autre ne peut être *vu*, c'est-à-dire isolé de l'être qu'il exprime ; nous percevons les manifestations de l'un ; si celles de l'autre nous échappent, c'est sans doute qu'il n'y a entre nous et lui aucun instrument de communication.

Ainsi donc se résout cette autre prétendue difficulté, qu'aucune âme ne s'est montrée à nous une fois dissous le corps qu'elle habitait.

Et même, est-on bien autorisé à des affirmations aussi absolues ? Qu'on nous permette à ce propos de transcrire quelques lignes extraites d'un recueil qui ne passe certes point pour être suspect de crédulité. On lit dans la *Revue scientifique*[1], au sujet de certains faits relatés dans l'*Uranie* de M. C. Flammarion : « Ces faits existent : leur interprétation est difficile et paraît comporter une solution tout autre que le fait d'une survivance[2] : mais, sous prétexte que de pareils phénomènes gênent nos petites connaissances actuelles, il serait puéril de les mettre en doute, ou de ne pas vouloir les étudier et les examiner[3].

[1] *Causerie bibliographique* (n° du 18 janvier 1890, p. 87).

[2] C'est une opinion ; l'opinion contraire à ses partisans, non moins autorisés, parmi les hommes de science.

[3] Cette enquête se poursuit actuellement en France, par les soins des *Annales des sciences psychiques*, fondées sous l'inspiration de M. Ch. Richet, l'éminent physiologiste.

« Il y a quelques années, MM. Gurney, Myers et Podmore ont publié en Angleterre un livre, intitulé *Phantasms of living*, où sont exposés quelques faits de cette nature ; qu'ils soient tous exacts, ou bien observés, personne n'oserait l'affirmer, malgré le soin minutieux avec lequel ils ont été recueillis ; mais le nombre en est tel qu'on ne peut admettre que tout soit erreur ou falsification. M. C. Flammarion a donc raison de dire que tout n'est pas dit sur les apparitions. »

Nous n'ajouterons pas un mot ; nous ne rappellerons même que pour mémoire d'autres faits attestés par des hommes d'une haute valeur et dont la bonne foi n'a pas même été contestée, tels que M. William Crookes, l'un des maîtres de la science anglaise, et nous nous bornerons à demander à nos contradicteurs d'imiter notre réserve en ces matières non encore étudiées.

Reviendrons-nous enfin sur l'objection prise de la décroissance et même de l'extinction des facultés dans la vieillesse ou de leur perturbation dans les maladies mentales ? A quoi bon, puisque nous ne pourrions que nous répéter (v. ch. VIII) ? Tous ces phénomènes sont la conséquence nécessaire de l'union étroite de l'âme et du corps et du rôle considérable de l'encéphale dans la formation des idées, sans que l'existence propre de l'être pensant en reçoive la moindre atteinte, et sans que par suite la question de la survivance y soit intéressée.

Ce retour offensif du matérialisme une fois refoulé sur tous les points, quelques réflexions suffiront à compléter ce que nous avions à dire sous le rapport exclusivement scientifique.

L'âme, tout en étant une force individuelle, un être particulier, procède des forces physiologiques; elle est le résultat de la transformation partielle de celles-ci. A la mort du corps, les forces vitales qui l'animaient l'instant d'auparavant n'avaient donc pas encore subi cette transformation. Dès sa séparation d'avec l'organisme, l'âme entre-t-elle dans un état définitif? Continuera-t-elle au contraire, par des procédés différents, à se développer et à accroître sa puissance aux dépens des forces ambiantes? Nous n'en savons rien. Quoi qu'il en soit, telle qu'elle est au moment de la mort corporelle, elle ne procède pas des forces qui lui servent actuellement de substrat, mais bien de forces précédentes déjà transformées. Dès lors, pourquoi suivrait-elle dans leur dispersion celles qui lui sont en somme étrangères? — celles qui étaient, il est vrai, préparées pour lui fournir des éléments dynamiques nouveaux (v. p. 133), dans le cas où la vie terrestre aurait continué, mais qu'elle ne s'était pas encore assimilées, qu'elle n'avait point encore absorbées et confondues en elle ?

Chez quelques vieillards, des facultés mentales oblitérées se réveillent au moment de la mort et s'affirment avec énergie ; un phénomène semblable a souvent été observé chez les aliénés. Nous en avons déjà dit un mot, et nous avons noté l'originale explication matérialiste : le cerveau subitement guéri *par* la maladie dont il meurt ! Avec moins d'ingéniosité, mais peut-être avec un peu plus de respect du sens commun, ne serions-nous pas fondé à représenter l'âme comme dégagée à cet instant des influences d'ordre physiologique qui réagissaient sur elle et se préparant à vivre de sa seule vie ? — à la montrer définitivement formée et pouvant désormais se passer d'un *substratum* jusque-là nécessaire ?

Les forces physiques ne se transforment point directement en force psychique, mais sont obligées de franchir, sous forme de forces vitales, une étape intermédiaire. L'âme ne pourrait par conséquent retourner à l'état inorganique sans repasser par le même stade. On observerait donc *toujours* chez les mourants une temporaire mais énergique recrudescence de la vie. Or, ce phénomène se produit très rarement, dans une faible mesure et pour des causes purement physiologiques, très bien connues.

L'évolution astrale et géologique a pour but la vie; l'évolution vitale a pour fin la production des intelligences, la genèse des âmes. Si celles-ci périssent avec les corps, la chaîne est subitement rompue, et la création n'a plus de raison d'être.

Dédaignera-t-on cet argument comme entaché de spéculation métaphysique? Alors, nous cantonnant sur le terrain de la science pure, nous nous bornerons à dire : ce brusque arrêt du progrès des choses est en contradiction avec l'incessante marche ascendante de la nature et devient dès lors très improbable. Ce serait une dérogation à la loi générale et on ne pourra la professer qu'après l'avoir prouvée. Ce serait une anomalie : à nos contradicteurs d'en démontrer la réalité.

Après avoir fait ressortir l'inanité de leurs efforts dans ce but, après avoir au contraire constaté que la science, c'est-à-dire la synthèse de l'expérience universelle, combattait contre eux avec nous, voulons-nous triompher de nos derniers doutes, s'il pouvait en subsister? Voulons-nous, sur cette question qui est peut-être en définitive pour l'homme la seule raison de la philosophie, atteindre le dernier degré de la certitude ? Rappelons-nous que nous sommes en cela les créanciers de la Divinité et qu'elle ne peut faillir à sa promesse.

Si exagéré qu'ait été le mal existant sur notre terre, quelle que soit à cet égard notre responsabilité et quoi que nous puissions pour diminuer la somme de nos souffrances, celles-ci n'en sont pas moins cruelles, si elles demeurent irréparées. Bien plus, s'il en était ainsi, notre destin serait le pire, à nous les derniers venus et partant les plus parfaits actuellement. Lorsqu'en effet la brute est bien portante, quand elle a mangé à sa faim et bu à sa soif, quand elle est repue et que ses autres besoins physiques sont satisfaits, elle est heureuse. Elle ignore la torture morale, plus affreuse que le mal physique. Et même, à l'homme matériellement bien partagé et à la fois exempt des peines de l'esprit et du cœur, il manque encore quelque chose. Cette vague aspiration au bonheur complet, cette poursuite de l'idéal, si brutalement déçue ici-bas, peut revêtir chez les natures d'élite les caractères d'une véritable angoisse. D'où il suit que l'homme le mieux doué est peut-être le plus malheureux. En ouvrant son âme à la notion du beau, du vrai et du bien absolus, le Créateur lui montre le but à atteindre; en lui accordant la raison, il lui fournit un instrument d'une puissance proportionnée à à l'élévation et à l'éloignement de ce but. L'homme sait que, si le temps ne lui faisait défaut, il parviendrait à ses fins. Et brusquement, le dispensateur de toutes choses briserait l'instrument entre ses mains et jetterait sur les sublimes vérités entrevues un voile éternel ! Il recommencerait indéfiniment ce jeu cruel avec d'autres victimes ! Quelle monstrueuse iniquité, ou plutôt, ô mon Dieu, quel incompréhensible aveuglement !

Quoi ! l'homme sait que vous êtes : il vous a vu à la clarté de la science, il a le sentiment du juste et de l'injuste, et ce sentiment lui est suggéré, sous la forme d'un besoin, par l'expérience des choses de ce monde, c'est-à-dire par les enseignements que vous distribuez ; il sait donc encore que la justice, si mystérieuse soit sa marche, vient de vous, ô Cause universelle, et le doute trouverait place dans son cœur ! Et il préférerait abdiquer toute raison, protester contre toute évidence, vous renier en un mot, ô Certitude première, plutôt que d'accepter de vous l'explication de son mal et l'assurance de la réparation !

Mais peut-être avons-nous tort d'affirmer avec tant de chaleur notre croyance, si raisonnée soit-elle, car il s'agit de convaincre et non d'entraîner. Posons donc nettement les termes du problème :

D'une part l'homme, appelé par sa nature à un progrès indéfini, voit son développement gêné par son milieu actuel et arrêté par la mort ;

Il est d'autre part, parmi les créatures sensibles, la plus durement traitée : les autres souffrent dans leur chair, il souffre dans sa chair et dans son âme ;

Et de cette double constatation — si on l'envisage sous le rapport d'une finalité rationnelle — naît une contradiction choquante et une criante injustice,

A moins que la portion de mal dont l'homme n'est pas responsable ne soit compensée à un moment quelconque par un plus grand bien.

Si l'univers est l'effet d'une ou plusieurs forces aveugles, le sentiment de justice est une illusion de notre esprit, la protestation fatale de l'être atteint par la souffrance, une simple forme de la plainte ; rien ne nous garantit par conséquent que cette prétendue justice sera satisfaite.

Toutefois, ne mêlons pas deux ordres d'idées bien distincts : les preuves physiques que nous avons données de la survivance de l'âme n'en seront point ébranlées ; seule, l'amélioration de notre sort au-delà de la tombe demeurera douteuse.

Au contraire, si Dieu est, toutes choses procèdent nécessairement de lui, les vérités morales comme les vérités physiques. La justice est donc l'un de ses attributs, ou le reflet, l'image affaiblie d'une de ses qualités infinies ; la réparation du mal est alors certaine, *et la douleur de l'homme lui est une promesse d'immortalité.*

Une dernière réflexion s'impose à notre esprit.

Si Dieu est, et que le monde soit son œuvre, la création ne s'explique que par l'amour. Dieu n'avait en effet nul besoin de nous.

Et si nous sommes les fils de son amour, pouvons-nous conserver un doute sur nos destinées ?

Devant une loi que nous ne pouvons entièrement comprendre, est-il plus sensé de renoncer à la certitude acquise, ou bien, Dieu étant prouvé, de croire à sa justice, à la correction, dans un avenir prochain, des douloureux effets actuels de cette loi ? Tout est là : que le malheur exhale d'abord sa plainte, mais qu'ensuite la raison prononce !

Telle se formule donc la réponse sans réplique à cette objection du mal, qui demeurait redoutable, même dégagée de ses exagérations. Par la souffrance, l'homme reçoit comme une révélation de la vie future; par elle aussi, il mérite quand elle accompagne ses efforts vers le bien; il acquiert en d'autres termes des droits à une condition meilleure que celle qui lui écherrait en vertu du seul progrès évolutif; par elle enfin, il lui sera donné, quand il jouira du bonheur dès maintenant assuré, d'en jouir doublement, comme quiconque est l'artisan de sa propre félicité, et peut-être alors bénira-t-il dans un élan de reconnaissance le Dieu qui lui envoya jadis la douleur.

Ainsi donc, existence de Dieu, immortalité de l'âme, récompenses et, dans la juste mesure, châtiments futurs, tout se tient. A quoi sert du reste d'insister ? Toutes les philosophies sans exception sont d'accord à ce sujet, celles qui nient comme celles qui affirment. Nous avions seulement le devoir de montrer qu'il n'en était pas autrement dans la doctrine à laquelle nous a conduit l'impartiale analyse de l'univers.

Que sera cette vie de demain ? Dans quel milieu se déroulera-t-elle ? Aura-t-elle, comme notre vie terrestre, une fin, un but, c'est-à-dire évoluera-t-elle de même vers un état plus parfait ? Autant de problèmes encore et probablement toujours insolubles pour notre intelligence d'aujourd'hui, mais que la justice divine doit nous faire envisager avec tranquilité.

En un point seulement, on peut hasarder quelques conjectures, basées sur cette justice et sur les données cosmogoniques précédemment dégagées. L'âme est une force, pourrions-nous répéter, et toute force est essentiellement active ; essentiellement aussi, elle est capable de se transformer. Peut-être en conséquence sera-t-elle encore susceptible de progrès et de régression, à moins que l'épreuve ne soit terminée ici-bas et que la plus précieuse conquête de notre état futur ne consiste dans l'impossibilité de la chute ; en tous cas, la marche ascendante doit demeurer possible, et l'éternelle quiétude dans l'immuable bonheur n'appartient sans doute qu'à la Divinité. Qu'importe, si, sans pouvoir l'atteindre, nous y tendrons du moins sans cesse et nous en rapprocherons indéfiniment?—si, pour emprunter aux mathématiques une expression qui rend à merveille notre pensée, l'âme humaine est *asymptote à la perfection*? D'un autre côté — et c'est ici qu'intervient notre foi dans la suprême équité et dans la bonté infinie — nous devons l'avouer sans détour : nous ne croyons pas à l'éternité des peines, et croyons fermement au contraire à la possibilité du relèvement par l'expiation, même pour les fautes les plus graves. La philosophie, qui se sent le pouvoir de consoler les damnés de ce monde, ferme pareillement dans l'autre les portes de l'enfer.

Dernière et bien troublante question : toutes les âmes sont-elles immortelles ? Question qui revient à celle-ci : partout où s'allume, vive ou tremblottante, la flamme de l'intelligence, chez le tout jeune enfant, chez l'idiot, chez l'animal, un être capable de pensée est-il définitivement constitué ? Ou bien ces ébauches d'âmes sont-elles effacées par le doigt de la mort ?

Qui donc oserait répondre, en l'état de nos connaissances et dans l'impossibilité où nous sommes de descendre en ces consciences obscures pour les interroger, pour mesurer le degré de leur personnalité et leur capacité de souffrance ? Il semble en effet d'une part que la force psychique doit d'autant moins se prêter à la régression que les éléments dynamiques d'où elle est née ont subi une transformation plus complète, se sont plus solidement intégrés ; et d'autre part la justice paraît moins intéressée à la réparation d'un mal à peine senti. Peut-être y a-t-il pour ces embryons d'âmes des conditions particulières de progrès ultérieur, dans le même milieu ou dans des milieux différents. Peut-être celles qui ne se sont pas élevées en cette vie jusqu'à l'entière conscience, qui ne sont pas des *personnes*, vont-elles s'absorber en d'autres êtres, et cela sans que la justice en puisse être blessée, l'inconscience excluant l'aspiration et par suite le droit à l'immortalité. Peut-être qu'au contraire leur développement se poursuit et leur individualité s'accuse hors de ce monde où elle n'a pu se former : touchante espérance ,pour ceux qui ont vu arracher de leurs bras de petits êtres passionnément aimés !

Hélas ! trop épaisse est l'ombre qui cache le mot de cette émouvante énigme. Renonçons donc à le chercher, et tenons-nous-en aux certitudes acquises. Nous ne pouvons cependant quitter ce sujet — et ce sera notre dernier mot — sans faire remarquer de quelle sotte vanité sont animés ceux qui repoussent le don d'immortalité sous prétexte qu'ils n'en auraient pas le privilège. A cela se résume, au fond, l'objection à la survivance de l'âme humaine tirée de ce qu'un certain nombre des raisons données en sa faveur s'appliquerait à des êtres placés plus bas dans l'échelle de la vie.

CHAPITRE XIII

La Morale.

Nous avons en nous le sentiment du bien et du mal, du juste et de l'injuste. Par quelle voie cette notion est-elle entrée dans notre conscience ? Y est-elle innée ? Y pénètre-t-elle au contraire peu à peu, par l'effet du travail de la raison sur les données fournies par les sens ? L'homme la reçoit-il toute formée ? Se dégage-t-elle graduellement des expériences accumulées ? Le spiritualisme tient pour la première opinion, et nous nous sommes déjà rallié à la seconde, professée par l'école sensualiste. Mais où nous nous séparons absolument de cette école, ou du moins de certains de ses représentants, c'est quand ceux-ci voient dans l'intérêt personnel et prochain, dans l'égoïsme, non seulement la révélation, mais encore le fondement de la loi morale.

Oui, l'observation des faits et les commentaires de la raison donnent à l'homme les premières leçons de moralité, en lui enseignant ce qui est conforme ou contraire à sa destinée, à son intérêt par conséquent, d'abord ici-bas, puis dans sa vie future, quand il acquiert la certitude de cet avenir; ensuite, en lui suggérant, par une évolution toute naturelle de la pensée, la conception de l'ordre, qui est la concordance des moyens avec la fin. Une fois organisée cette conception, l'esprit humain se rend compte que ce qui est suivant l'ordre est bien, que ce qui est contre l'ordre est mal; et alors apparaît la notion du juste et de l'injuste. L'homme apprend à ce moment quel est son devoir envers lui-même et envers le prochain, et qu'il est tenu de le suivre, de ne pas entraver, de favoriser même l'accomplissement de ses destins et de ceux de l'humanité. Il découvre en même temps que cette destinée, pour l'individu comme pour l'espèce, est à longue échéance; que, par l'imperfection nécessaire de notre nature, elle ne peut être accomplie sans froissements et le plus souvent sans un douloureux sacrifice de l'intérêt immédiat. Il part ainsi de l'égoïsme pour arriver à l'abnégation.

Nous pouvons conclure maintenant : la loi morale est fondée sur l'obligation de se conformer à l'ordre en vue de la fin; elle est enseignée à l'homme par l'expérience, et c'est le légitime souci de son bien personnel qui lui en inculque les premiers rudiments.

Ainsi, pour le dire en passant, s'expliquent les variations de la morale à travers les âges et suivant les milieux. La loi est une, car il ne saurait y avoir deux *meilleurs* moyens d'atteindre le but proposé; mais la morale humaine varie, dans une certaine mesure, suivant les temps et suivant les races, parce que l'homme ne distingue pas avec une netteté suffisante, parmi les voies qui lui sont ouvertes, la plus droite et la plus courte. Celle-ci même ne peut-être parcourue que par étapes. La moralité absolue, c'est-à-dire la conformité absolue des moyens avec la finalité universelle, ne saurait être réalisée qu'en Dieu et par Dieu. En cela comme en tout le reste — qu'on nous pardonne de reprendre ce terme d'une entière exactitude — nous sommes asymptotes à l'infini. Redisons-le sans craindre de nous répéter : toujours nous tendrons vers cet infini; chaque jour nous nous en rapprocherons davantage, sans pouvoir jamais l'atteindre, mais en prenant chaque fois possession d'une plus grande somme de vérité et de bonheur. La morale se dégage de faits observés par des hommes, interprétés par la raison humaine: c'est dire que l'expérience est diversement perçue, diversement commentée; mais c'est dire aussi que, dans l'ensemble, la morale, comme toutes choses ici-bas, va se perfectionnant sans cesse. Sur ce point tout le monde est d'accord, et cela suffit à répondre à ceux qui partent des variations de la morale pour nier purement et simplement sa loi.

Cette loi a-t-elle une sanction? Celui qui l'observe mérite-t-il une récompense? Celui qui l'enfreint encourt-il un châtiment? En d'autres termes, l'homme est-il responsable devant la Divinité? (Nous parlerons plus loin de sa responsabilité devant ses semblables.)

A ces questions la réponse a été depuis longtemps faite: l'homme est responsable s'il est capable de mérite ou de démérite, s'il est libre en un mot. On a construit, on échafaude surtout de nos jours bien d'ingénieux systèmes pour prouver, non point que nous ne sommes pas libres, mais que nous ne pouvons l'être. Malheureusement pour leurs auteurs, l'expérience ne s'est pas encore décidée à s'y conformer. Que la liberté humaine soit ou non possible aux yeux des philosophes *à priori* ou des médecins habitués à généraliser les cas pathologiques, elle est, et nous n'y pouvons rien. Aussi ne se démontre-t-elle pas; elle est constatée par la conscience, ce qui est peut-être plus probant. Les preuves de son existence, sinon de sa possibilité, nous les avons données (v. pp. 97 et suiv.). Nous n'y reviendrions pas, si ce n'était le moment de dire un mot d'une objection élevée contre cette même liberté, n'ayant pu le faire alors, enchaîné que nous étions par l'ordre rigoureux de notre démonstration : nous voulons parler de la prescience divine.

Eh bien ! nous ne discuterons pas l'objection : nous l'écarterons.

Dieu, qui est Dieu, c'est-à-dire parfait, possède évidemment la pleine connaissance. Mais cette connaissance, quels sont sa nature et ses procédés ? Lorsqu'elle s'applique notamment à ce que nous appelons l'avenir, ressemble-t-elle à ce que nous appelons prescience, divination ? Aux métaphysiciens de nous le dire, quand il l'auront appris. Pour nous, nous nous abstenons, et pour cause. Si la prescience divine existe telle qu'on se la figure — dirons-nous simplement — elle est, puisque nous sommes libres, conciliable avec notre liberté, comme un fait est conciliable avec un autre fait dans l'ordre des coexistences, s'il ne l'est pas toujours, pour notre esprit, dans l'ordre des explications.

Cette liberté, nous avons montré (*ubi suprà*) qu'elle n'était pas illimitée, et nous nous en tiendrons à ce qui a été dit. Rappelons seulement que ses deux conditions premières sont une intelligence assez éveillée pour choisir entre les motifs, pour constituer le discernement, et une volonté suffisamment forte. Toutefois, nous nous garderons ici encore de confondre la paresse de la volonté avec sa faiblesse. Celui-là demeure responsable qui ne déploie pas tout son pouvoir de volition, qui s'abstient de vouloir sous le prétexte qu'il ne saurait vouloir avec assez d'énergie. C'est d'autre part un fait d'observation constante que, par l'habitude de céder sans résistance, le ressort de la volonté s'affaiblit, comme un organe s'atrophie faute d'exercice : l'homme aux volontés lâches est donc tenu des conséquences de sa lâcheté.

Le lecteur sait néanmoins combien de degrés comporte la responsabilité, au point de vue des influences d'atavisme, de milieu, d'éducation, de santé, d'âge, de conformation cérébrale, etc., combien aussi l'appréciation en est délicate. Au seul juge souverain il appartient de la déterminer avec précision, puisque seul il connaît exactement la somme de liberté dont jouit chacun de nous.

Le témoignage de la conscience en faveur de cette liberté est tellement indiscutable que nous ne pouvons — veuillent-ils nous le pardonner ! — croire à l'entière bonne foi des fatalistes. N'y aurait-il pas une équivoque au fond de ce débat ? L'homme, effrayé de sa responsabilité et préoccupé d'y échapper, n'a peut-être trouvé rien de mieux que de nier l'évidence, à savoir sa liberté relative. Il se pourrait encore qu'il n'ait osé placer la question sur son véritable terrain : l'être libre est-il nécessairement responsable? liberté implique-t-elle responsabilité ?

Si j'ai donné à quelqu'un la faculté de faire à son gré le bien ou le mal, si je sais d'autre part qu'une mauvaise action va par lui se commettre, s'il suffit enfin d'un acte de ma volonté pour empêcher ce méfait, aurai-je le droit d'en punir l'auteur sous prétexte que je l'ai fait libre ?

Est-il donc impossible d'imaginer une solution satisfaisante ? Peut-être pourrait-on dire : celui qui viole la loi ne sera point *puni*, en ce sens que sa condition ne sera point pire; celui qui l'observe recevra une récompense; celui qui mérite, c'est-à-dire qui ne se borne pas au devoir d'abstention, est assuré d'une récompense plus haute. L'expiation consisterait en ce cas dans la privation du bonheur promis aux bons, et si incommensurable peut être la distance entre l'un et l'autre état, que cette pensée suffirait à constituer pour les âmes accessibles à cette seule considération, le plus énergique stimulant vers le bien.

Cette hypothèse, non plus que tout autre

qu'on pourrait faire, n'a pas la prétention de se formuler en dogme. Elle est faite uniquement pour montrer que la conciliation entre la justice et la liberté sanctionnée par la responsabilité n'est pas impossible, même pour la faible sagesse humaine. Dès lors — soyons-en convaincus — l'infinie sagesse divine n'y sera point embarrassée.

La liberté, loin d'être pour nous un présent funeste, est donc, avec l'existence, le plus grand des bienfaits. Dieu eût pu sans doute nous faire évoluer fatalement vers une situation de plus en plus heureuse : mais, encore une fois, notre félicité ne sera-t-elle pas doublée si nous en sommes avec lui les artisans ? D'un autre côté, combien ne nous élève-t-il pas en faisant de nous ses collaborateurs, en nous permettant de participer à son œuvre sublime ?

Le devoir reconnu, sa raison découverte, il nous resterait à en étudier les divers aspects et à en préciser l'étendue. Tout cela a été fait trop souvent et trop éloquemment pour que nous ayons à le refaire. Il est seulement une chose que nous devons constater : les lois de l'univers physique et du monde moral, telles qu'elles nous ont été révélées par cette étude commencée dans un esprit et poursuivie avec une méthode exclusivement scientifiques, sanctionnent en définitive les hauts enseignements du spiritualisme, en leur donnant toutefois une base plus rationnelle, en les mettant par suite hors de discussion.

Nous aboutissons en effet, nous aussi, à cette division des devoirs depuis longtemps classique, mais aujourd'hui pleinement justifiée : devoirs envers Dieu, devoirs envers nous-mêmes, devoirs envers le prochain.

A la Divinité, nous devons la reconnaissance et l'amour pour nous avoir appelés à la vie, puis par l'exercice de notre raison et de notre liberté, au bonheur futur ; et c'est le culte, la prière, c'est-à-dire la fréquente élévation de notre âme à Dieu qui acquittera notre tribut. Adorons même une fois de plus sa bonté infinie. Elle a voulu que le paiement de notre dette nous fût une nouvelle source de biens. La prière en effet n'est point inefficace, même pour nous qui croyons à l'ordre immuable de l'univers et nions le miracle. Le culte, autrement dit la communion de l'âme avec Dieu, l'épure et la fortifie. De cette contemplation du vrai, du beau et du bien suprêmes, l'homme revient nécessairement meilleur et plus digne de l'avenir qui l'attend, mieux armé pour la lutte contre le mal, plus assuré par conséquent de recueillir les fruits de sa victoire.

L'utilité de la prière se manifeste même dès cette vie. Cet assidu commerce avec l'absolu, avec l'idéal, réalité dernière, ramène à leurs justes proportions les misères de l'existence terrestre, nous en inspire une appréciation plus exacte et est en définitive un soulagement immédiat à nos passagères souffrances.

Bien mieux, la prière nous aide à améliorer notre sort, et par là son efficacité se rapproche singulièrement de celle qui lui a été attribuée par les partisans de l'intervention providentielle dans le menu des affaires humaines. Seulement l'homme, au lieu d'attendre son secours d'un miracle, le trouve en lui-même, dans la conservation de son sang-froid, dans l'accroissement de son énergie morale. Il y puise des forces pour le combat contre le mal, même physique ; il rencontre plus aisément le moyen de le refouler et de le circonscrire dans des limites de plus en plus étroites, de réaliser en un mot le progrès, le moyen encore d'assurer le succès de ses entreprises légitimes.

Ce qui est vrai de la prière individuelle l'est aussi du culte en commun : celui-ci est tout autant profitable aux agglomérations sociales que celui-là est utile à chacun de leurs membres. L'analogie est trop évidente et nous nous dispenserons d'y appuyer. Les publiques manifestations de l'amour de la créature pour son Créateur sont donc respectables et légitimes, à une double condition toutefois : celle de la liberté absolue dans la participation des individus et de la plus large tolérance pour les divergences confessionnelles.

Les devoirs de l'homme envers lui-même se résument dans l'obligation de travailler à sa fin, c'est-à dire à sa propre perfection, d'éviter tout ce qui l'en éloigne, de rechercher et suivre les voies qui l'y conduisent. Nos doctrines étant ici en accord complet avec celles du spiritualisme, nous nous contenterons de signaler un côté de la question peut-être un peu trop négligé par les moralistes de l'École et magistralement mis en lumière par un maître de la science :

« En toute hypothèse, dit M. Hirn [1], une loi inexorable de morale domine tout l'ensemble des suppositions qu'il peut nous plaire de faire. L'organisme de l'être vivant pouvant être considéré comme l'instrument nécessaire, en ce monde, à la manifestation de l'élément animique, il est visible que cette manifestation sera facilitée ou entravée, selon le degré d'appropriation de l'instrument aux fonctions auxquelles est appelée l'unité animique. C'est, dans le cercle tout pratique et expérimental,

1 *Op. cit.*, pp. 101 et 102.

ce que chacun de nous n'apprend que trop souvent à ses dépens, sans qu'il puisse, hélas! y remédier. Qu'on admette la fixité des espèces ou qu'on soit transformiste, il est incontestable, ainsi que nous l'avons déjà dit, que, dans des limites plus ou moins étendues, nous transmettons notre conformation physique, nos défauts, nos maladies... à nos descendants. Nous préparons en un mot, que l'on me pardonne la familiarité de l'expression, un logis et un outil plus ou moins commodes à ceux qui nous succèdent. A ce seul point de vue déjà, une responsabilité formidable incombe à l'être qui a le sentiment du devoir; combien pourtant méconnaissent ou oublient cette responsabilité, et, au lieu d'amour, ne méritent plus que les malédictions de ceux à qui ils donnent le jour !— Que nous ayons ou non occupé un degré inférieur dans une existence antérieure à celle-ci [1], toujours est-il que dans cette vie nous sommes des êtres perfectibles et qu'il est par suite de notre plus impérieux devoir de perfectionner sans cesse. De ce devoir encore naît une responsabilité dont il est difficile de donner la mesure ».

Quant au devoir envers nos semblables, son fondement est le même, à savoir l'obliga-

[1] Le lecteur qui aura bien voulu nous suivre jusqu'ici ne sera pas surpris que nous nous soyons abstenu de discuter cette hypothèse.

tion de seconder les vues de Dieu sur l'humanité. Non certes que ses desseins aient besoin de notre concours pour se réaliser, mais parce que toute autre conduite est une révolte contre le bien. Remarquons cependant qu'en traçant un cercle où peut se mouvoir notre liberté, Dieu nous a permis, sinon d'empêcher, du moins d'accélérer ou de retarder, dans la mesure par lui fixée, l'accomplissement de la finalité universelle. D'où nous vient la défense de nuire à autrui, de violer, de façon ou d'autre, la justice ; d'où nous vient aussi le devoir de pratiquer la charité, dans les deux nobles acceptions de ce mot, amour et assistance ; car, à ce point de vue, la charité est une forme de la justice. La solidarité humaine n'est pas un vain mot en effet : c'est une loi aussi réelle, aussi précise que les autres lois sociales ; tout homme a donc droit à ce qu'elle soit observée à son égard, tout homme est obligé de s'y conformer à l'égard des autres, et la sanction s'affirme même dès cette vie. Les sociétés dominées par l'égoïsme ne sont ni prospères ni paisibles : les maux non adoucis se répercutent chez tous les favorisés. De plus, manquer à la charité, c'est manquer au devoir envers soi-même, puisque c'est dédaigner une vertu, une perfection. Enfin, c'est se refuser une des plus douces jouissances. Sans nous laisser aller à des déclamations trop faciles, nous constaterons simplement que le bien fait à autrui cause une satisfaction réelle à son auteur, et toute l'ironie de ceux qui ne veulent voir dans l'homme que la bête ne prévaudra point contre ce fait, si ce n'est auprès de ces esprits incomplets et infirmes qu'on appelle les égoïstes.

A la suite de la morale individuelle se place la morale sociale, qui en est l'émanation. Est-ce à dire que tous les devoirs humains soient socialement obligatoires, que la société ait le droit d'en exiger l'accomplissement intégral ? Non. Elle peut imposer ceux-là seuls auxquels elle est intéressée, et ce sont les devoirs de l'homme envers ses semblables. Encore n'est-elle fondée qu'à en assurer la réalisation extérieure ; elle ne saurait pénétrer dans les consciences, demander que la justice soit consentie, que l'assistance procède de l'amour. En parlant ainsi, nous supposons donc, contrairement aux idées trop longtemps régnantes, que la justice et la charité sont, au point de vue social, obligatoires au même titre ? Oui, car la société ne saurait se constituer sans la justice, durer sans l'obéissance de tous à la loi de solidarité. La crise où se débat aujourd'hui le vieux monde nous donne de cette double vérité une confirmation éclatante : c'est pour avoir négligé ce devoir d'assistance que les sociétés contemporaines ont tant de mal à obtenir des malheureux l'obéissance au devoir de justice. L'une et l'autre obligation sont corrélatives.

On voit donc combien est erronée, même sous le rapport utilitaire, la doctrine sauvage qui persiste à envisager l'homme au seul point de vue de l'animalité et voudrait résumer le code social dans la loi de la « lutte pour la vie ».

Voici ce qu'on n'a pas craint d'écrire : « La pauvreté des incapables, la détresse des imprudents, l'élimination des paresseux, cette poussée des forts qui jette de côté les faibles sont les résultats nécessaires d'une loi générale et bienfaisante [1] ».

Cette erreur d'un grand esprit est encore plus incompréhensible qu'affligeante, car elle est en contradiction formelle avec la constante réalité. L'histoire, ce recueil des expériences sociales, nous l'enseigne à toutes les pages : où règne sans partage le culte de la force, où l'on a pour règle d' « éliminer » les « faibles » au lieu de les secourir, de les relever et de les fortifier, au lieu de transformer ces non-valeurs en utilités, la lutte ardente, implacable, ne tarde pas à s'établir entre les forts eux-

[1] H. Spencer. *The man versus the State.*

mêmes et, d'éliminations en éliminations, on arriverait bien vite à l'extinction des sociétés, si les faibles, qui sont le nombre (un facteur non négligeable, nous semble-t-il), ne finissaient par reconquérir leur place et par faire durement expier aux « forts » leur imprévoyant égoïsme.

Et d'ailleurs, croient-ils, ces imprudents et aveugles théoriciens, qu'on peut impunément faire aussi bon marché de l'individu, que ce soit même comprendre et servir les vues de la nature que de le sacrifier à l'espèce, cette sorte d'abstraction? Si toute finalité n'est pas rapportable à l'homme, en sont-ils donc arrivés à nier pour lui seul la finalité, à le considérer uniquement comme un des moyens d'on ne sait quel nuageux avenir? Sont-ils même bien convaincus qu'histoire naturelle et histoire humaine, humanité et espèce animale, c'est tout un? — que sans but aucun la cause universelle (quelle qu'elle soit, ils la reconnaissent comme nous) a fait notre race capable de comprendre, d'aimer et de souffrir?

Cette lutte pour la vie, que l'on voudrait poser comme la norme universelle, est-elle même la loi générale du monde animal? Ecoutons sur ce point le père des théories dont on a tant abusé en les forçant :

« Dans la *Descendance de l'Homme*, Darwin indique clairement que dans d'innombrables familles d'animaux la lutte pour l'existence des individus isolés disparaît et est remplacée par la coopération. Il s'attache ensuite à démontrer que de cette substitution résulte un développement de facultés intellectuelles et morales qui assure à l'espèce les conditions les plus favorables à la survivance. Et dans ces exemples nous voyons que les plus forts ne sont pas les plus vigoureux physiquement, ni les plus rusés, mais ceux qui ont appris à combiner leurs efforts pour se soutenir mutuellement, les faibles comme les forts, dans l'intérêt de la communauté. Et Darwin ajoute que les communautés qui renferment le plus grand nombre de membres sympathiques seront les plus florissantes et celles qui élèveront la plus nombreuse progéniture ».

L'auteur auquel nous empruntons ce résumé ajoute : « Si nous étudions de près les animaux — non pas uniquement dans les laboratoires et les musées, mais dans la forêt et dans la prairie, dans le steppe et dans la montagne — nous découvrons que, bien qu'il existe une lutte entre diverses espèces et parmi différentes classes d'animaux, il subsiste en même temps, et peut-être à un degré supérieur, le support mutuel, l'aide mutuelle, la défense mutuelle entre des animaux appartenant à la même espèce ou tout au moins à la même communauté. *La sociabilité est une loi au même titre que la lutte réciproque.*

« Les animaux les plus propres à la survivance, les mieux préparés à la lutte sont incontestablement ceux qui ont contracté des habitudes d'aide mutuelle[1] ».

L'auteur cite ensuite, d'après les observateurs les plus consciencieux, quelques-uns des plus probants parmi les innombrables exemples de la solidarité animale. Il rappelle que la nature semble même avoir à cet égard tracé à certaines espèces leur devoir en les dotant d'un organe préposé à son accomplissement. Ainsi le tube digestif des fourmis comprend deux compartiments, l'un qui contient la nourriture destinée à l'insecte lui-même et l'autre qui renferme celle qu'il *doit* partager avec ses congénères, sous peine d'être banni de la communauté et même mis à mort.

On peut dire qu'une vérité ressort aujourd'hui avec la dernière évidence de l'ensemble des observations, c'est que la lutte pour la vie est fréquente d'espèce à espèce (bien que très souvent des espèces différentes vivent paisiblement à côté les unes des autres), qu'elle est exceptionnelle entre les diverses races de la même espèce, et d'une extrême rareté entre les

[1] Pierre Krapotkine. L'Aide mutuelle parmi les Animaux (*The Nineteenth Century*, septembre 1890).

individus de la même race. Nous exceptons bien entendu les combats entre les mâles dans la saison des amours : il s'agit ici d'un tout autre ordre d'idées.

Si l'homme veut prendre des leçons de l'animal, soit ! Mais qu'il sache les interpréter.

Disons-le donc hautement, en empruntant l'autorité sans réplique de l'expérience et de la plus élémentaire raison : si l'individu a des devoirs envers la société, la société n'est pas exempte de devoirs envers l'individu ; bien plus, elle ne peut exiger ce qui lui est dû qu'après avoir acquitté sa propre dette : nous y reviendrons tout à l'heure.

De ce qui précède on peut dès maintenant tirer cette conclusion : la meilleure morale sociale est celle qui, après avoir bien compris les conditions actuelles du corps social et de ses membres, comme aussi celles du progrès prochain, édicte les règles les plus propres à assurer la conservation de l'individu et de l'espèce et à la fois le développement de tous les deux. Mais elle doit s'en tenir là, et toute obligation imposée au-delà de cette limite est une loi tyrannique.

Dans cette mesure au contraire, les lois édictées sont obligatoires pour tous et quiconque s'en écarte doit y être ramené, au besoin par la force, un seul n'ayant pas le droit de compromettre le bien de la collectivité. Telle est la sanction; telle est la première et principale raison du droit de punir, à savoir la défense sociale.

Il en est deux autres, on le sait : le droit et même le devoir pour la société de retenir dans la voie du bien, par la perspective de la répression, les consciences hésitantes : c'est le côté exemplaire de la peine; — et le devoir encore, pour la même société, de ramener au bien le coupable, de refaire son éducation morale : c'en est le côté correctionnel, au vrai sens du mot, celui d'amendement.

A dessein nous n'y faisons pas entrer un quatrième élément. A de certaines époques, les pouvoirs politiques ou religieux se sont considérés comme nantis d'une sorte de délégation de la Divinité et comme autorisés à sonder les consciences, à châtier le mal abstrait — ou ce qu'ils prenaient pour ce mal — à punir les mauvais sentiments, et ce en dehors de tout fait délictueux, de toute atteinte au droit d'autrui. Les abus monstrueux auxquels a conduit cette prétention suffiraient et ont en effet suffi à la faire à jamais rejeter.

Entendons-nous cependant. Dès que l'intention mauvaise sort du for intérieur, dès qu'elle s'affirme, suivant la juste expression de nos codes, par un commencement d'exécution, et si l'agent ne s'est pas volontairement arrêté, le danger social est né et le châtiment se justifie. Pour le proportionner à la responsabilité du coupable, le juge devra alors rechercher le degré de perversité de celui-ci : car, plus cette perversité sera profonde, plus grand aussi aura été le péril couru.

Et c'est pourquoi, à notre avis, le droit de punir subsisterait encore si les négateurs de la liberté humaine étaient dans le vrai, si, en thèse, l'homme n'était pas responsable aux yeux de la raison. Il subsisterait avec ses trois fondements : défense, exemple, correction, les deux derniers étant, à ce point de vue restreint, des formes du premier.

Même en ce cas en effet, la société aurait le droit de vivre ; même en ce cas, la vue du châtiment suivant de près l'acte nuisible serait de nature à faire réfléchir les individus hantés de pensées dangereuses ; même en ce cas enfin, le souvenir de la peine subie et la crainte d'une peine nouvelle pourraient prévenir la rechute. Sous ce triple rapport, la répression serait un facteur essentiel de la sécurité sociale et à ce titre demeurerait légitime. On punirait le criminel comme on est parfois forcé de frapper, pour le corriger et s'en préserver, l'animal vicieux, cependant irresponsable.

Ceci dit pour l'homme en général, pour l'être doué d'une constitution physiologique et d'une constitution psychique normales. Quant à l'infirme ou au malade, quant à celui dont l'intelligence ou la volonté sont atrophiées ou dominées par des impulsions irrésistibles, — irrésistibles en ce sens que la crainte du châtiment serait impuissante à les dompter, — le facteur dont nous parlons ne pouvant plus entrer en compte, le droit de la société se bornerait, alors comme à présent, à les mettre dans l'impossibilité de nuire, et son devoir serait toujours de tenter leur guérison.

Il est un autre cas — nous l'avons indiqué — où la société doit s'en tenir à la légitime défense ; c'est lorsqu'elle n'a pas rempli elle-même les obligations qui lui incombaient vis-à-vis du délinquant, lorsqu'elle a manqué à son double devoir d'éducation et d'assistance. Soustraire l'enfant aux milieux dans lesquels ne peut naître ou s'oblitère la notion du bien et du mal ; lui fournir, par la culture intellectuelle et par l'instruction technique, les moyens de subvenir plus tard à ses besoins physiques et moraux ; venir au secours de l'adulte en cas de malheur immérité, et du vieillard à l'heure où ses forces déclinent, — la société est tenue à tout cela et, si elle y a failli, d'user à l'égard de celui qui succombe de ses dernières miséricordes.

CHAPITRE XIV

Conclusion.

Parvenu au terme de notre route, nous avons le droit de constater à nouveau combien ferme était notre point de départ, combien sûr le guide choisi et combien solides sont les résultats auxquels nous avons abouti.

Après avoir abordé cette étude avec une appréhension profonde, nous avons été frappé de voir, dès que notre conviction a été faite sur la substance et la raison d'être du monde sensible, les solutions venir se ranger comme d'elles-mêmes sous notre plume, à l'heure voulue, à mesure que nous abordions les problèmes de l'ordre physique et ceux de l'ordre moral. Le lecteur a pu en faire lui-même la remarque : en tous cas, nous lui en devions l'aveu. Or, c'est là le plus haut degré de certitude qu'il soit donné à l'esprit humain d'atteindre. Dans toutes les sciences en effet — et la philosophie expérimentale est une science au même titre que les autres : elle en est même la synthèse générale — dans toutes, c'est en passant par ce critérium que les hypothèses s'élèvent au rang de théories ; c'est quand elles y ont définitivement résisté qu'elles prennent place parmi les vérités reconnues. S'il y a une raison, s'il y a une science, nous sommes donc en possession des vérités premières de l'univers, et ces vérités, dégagées par une critique impartiale et sévère, sont celles-ci :

Le monde est, en apparence, le produit immédiat de deux facteurs, la force et la matière ; mais le second n'est qu'une forme ou plutôt une réunion des formes du premier. La force seule existe essentiellement, et elle est la substance même de l'univers. Tous les êtres, corps et esprits, procèdent d'elle, naissent de ses métamorphoses. Elle est une en son essence, malgré ses différenciations. Elle est infinie dans l'étendue et dans la durée. Elle ne cesse jamais d'agir, et la création, qui l'exprime, est par suite éternellement actuelle, sous ses modalités sans nombre.

L'homme est impuissant à découvrir si elle est la cause première ou si elle est elle-même causée, — mais c'est de toute nécessité l'un ou l'autre, car la notion d'une cause première nous est impérieusement suggérée par l'expérience et par la raison.

Cette cause — quelle qu'elle soit, substance du tout ou auteur de la substance — est souverainement intelligente et souverainement puissante. En elle résident toutes les perfections, dont la plupart nous sont inconnues, tellement elles dépassent nos conceptions possibles. Elle est la source de tous les effets physiques et de toutes les qualités morales, réalisées ou en voie de réalisation dans l'univers, puisqu'elle a édicté toutes les lois et réglé toutes les conditions du monde physique et du monde moral.

C'est elle que les hommes ont nommé Dieu, pour exprimer en un seul mot l'idée de l'Etre infini doué de qualité infinies.

Comme il en est la cause unique, Dieu est le but et la fin suprême des choses, et le monde évolue vers cette fin, c'est-à-dire vers la perfection absolue, en s'en rapprochant toujours sans jamais l'atteindre, autrement le monde s'abîmerait en Dieu.

De cette évolution trois phases nous sont connues, avec la même certitude, mais non point dans les mêmes détails, — car une seule est actuelle ; ce sont : la phase sidérale et géologique, qui a pour but la vie ; la phase organique ou vitale, dont le terme est l'éclosion des âmes, et enfin celle qui embrasse la vie de ces âmes mêmes. La phase astronomique a-t-elle été la première? La phase animique sera-t-elle la dernière? Nul ne le sait encore, mais nous penchons pour la négative, comme plus conforme à la loi générale qui semble se dégager des processus déjà étudiés. La création nous apparaît, non comme un cercle fermé, mais comme une spirale infinie, et c'est en ce sens que nous avons toujours entendu la marche évolutive, la progression étant pour nous la règle et la régression l'accident.

En tous cas, si l'évolution devient régressive à un moment quelconque, la régression n'affecte point la totalité des forces en jeu dans le cosmos, mais seulement le résidu de leurs fonctions. L'univers est une perpétuelle genèse d'âmes, et cette genèse suit les étapes que nous venons d'indiquer. Que les forces organiques, nées des forces physiques et non utilisées pour cette création des âmes, retournent à leur état premier et recommencent à parcourir le même cycle, cela n'est pas douteux : l'expérience s'en fait sous nos yeux tous les jours. Mais, les âmes survivant aux corps où elles sont nées, les forces intégrées sous cette forme poursuivent leur développement dans des conditions nouvelles. Que sont celles-ci? Nous l'ignorons, et ne pouvons en cela que nous confier à l'infinie justice, à la suprême bonté.

Dieu et âme ! ces deux mots seront donc comme le double sceau qui clôra cette étude, entreprise de bonne foi, conduite sans parti pris sur une voie préalablement déblayée de tout préjugé, de toute opinion, de toute croyance, et jalonnée par les seuls enseignements des sciences physiques et de l'histoire naturelle.

Il en résulte que le matérialisme athée, dès qu'on examine avec quelque attention « les bases scientifiques et rationnelles sur lesquelles il a la prétention de reposer..., perd son droit de cité sur le domaine des phénomènes du monde inanimé lui-même[1] » et n'est, à plus forte raison, dans le domaine philosophique, qu'un incohérent assemblage d'affirmations sans preuves.

Il en est ainsi, même si la matière existe comme élément distinct de la force, même si la force est une propriété de la matière, puisque la nécessité tout au moins d'une cause de différenciation s'impose. Il en est ainsi, à plus forte raison, si la doctrine spiritualiste est la vraie, si l'esprit existe comme substance distincte. Il en est ainsi enfin, si nous avons au contraire, comme nous l'espérons, démontré l'unité substantielle du cosmos. En un mot, *toutes les hypothèses sur la nature de l'univers*

[1] G.-A. Hirn, *op. cit.*, pp. 69 et 72.

physique et de l'univers moral, DISCUTÉES SUIVANT LA MÉTHODE SCIENTIFIQUE, *aboutissent à l'existence de l'âme et à l'existence de Dieu.*

Comment néanmoins, si la vérité est une, y a-t-il, parmi les savants, des croyants et des incrédules ? Comment se peut-il surtout que le moins qualifié des ouvriers de la dernière heure ait osé s'attaquer aux conclusions formulées par d'illustres devanciers ?

Pourquoi ? Précisément parce que nous arrivons des derniers. De puissantes intelligences ont interprété faussement — nous ne craignons pas de le répéter — les faits de la science : il y a plusieurs causes à cela, et l'une des principales est que, parmi ces maîtres, la plupart sont venus trop tôt. Ils ont trouvé la science se débattant dans ses langes, quand ils ne l'ont pas eux-mêmes créée, et si vaste que fût leur génie, il ne pouvait embrasser ce qui n'était pas encore. C'était à ce moment une tentative prématurée que de vouloir faire l'inventaire des conquêtes réalisées, des données certaines (car à cela s'est bornée notre tâche), et ce travail ne pouvait aboutir alors à des conclusions suffisamment autorisées.

Les autres, cédant à leur insu au prestige de ces grands noms, ont subi leur influence tout en croyant faire œuvre personnelle, ou bien encore, obsédés par le doute, irrités de trouver en défaut cette science en qui se résumait leur foi, sont allés d'un coup jusqu'à la révolte et à la négation, manquant en même temps de sang-froid et de clairvoyance (on peut voir très mal tout en voyant très haut et très loin), — ou enfin, victimes de l'orgueil, ont cédé à l'attrait malsain d'une impiété retentissante.

Il est une dernière raison, à la fois plus générale et moins attristante, car elle laisse intacte la probité scientifique de ces grands esprits dévoyés : c'est que l'homme de science, si puissante soit son intelligence et si pénétrant son coup d'œil, est presque toujours la dupe des études où il se spécialise ; et c'est pourquoi les matérialistes, si rares parmi les psychologues, les mieux placés en définitive pour trouver la clé du mystère intellectuel, sont relativement nombreux parmi les astronomes, les physiciens et les physiologistes. Ceux-ci ne voient que le jeu des forces physiques, agissant suivant des lois immuables, et l'admirable régularité de ce fonctionnement leur fait illusion ; ils se trouvent ainsi tout naturellement exposés à laisser absorber leur attention par les phénomènes et les lois, à oublier l'être, la cause, le législateur. Alors on entend tel anatomiste s'écrier : « Je n'ai jamais rencontré l'âme sous mon scalpel », — tel astronome dire avec assurance : « Dieu est une hypothèse dont je n'ai pas besoin ».

Beaucoup les suivent, sur la foi de leur renommée et de leur haute valeur, sans réfléchir qu'il n'est pas de génie universel, et que l'autorité légitimement acquise dans un ordre de connaissances n'est pas toujours un brevet d'infaillibilité dans les matières d'un autre ordre. A ces égarés nous avons le droit de dire, sans sortir du rôle modeste qui nous est imposé : on s'est trompé, et par suite on vous a trompés. Les certitudes acquises par la science, notamment dans ces dernières années — après par conséquent les résultats encore incertains sur lesquels on a échafaudé de présomptueux systèmes, — ces certitudes, telles que peut les résumer et les coordonner tout esprit quelque peu cultivé, fournissent aux questions suprêmes de tout autres réponses. Faites ce que toute intelligence a le droit de faire : interprétez ces données définitives suivant les lois d'une saine raison, d'une logique rigoureuse, avec la volonté d'accepter, quelle qu'elle soit, la conclusion où vous serez conduits. Faites cela, et vous reconnaîtrez bien vite que cette conclusion se formule ainsi : l'homme peut, l'homme doit croire, aimer, espérer :

Croire, parce que la science, qui émane de

Dieu par l'intelligence, aboutit à Dieu par l'expérience et le raisonnement;

Aimer, parce que le bonheur de notre prochain est la condition de notre propre bonheur; parce que haïr, c'est enfreindre, à notre grand préjudice, une loi tout aussi formelle que les lois physiques; parce que l'amour favorise et que la haine contrarie notre finalité propre et la finalité universelle; et aussi parce qu'ici-bas tout le mal moral et une grande partie des maux physiques viennent de la haine et presque tout le bien de l'amour; parce qu'en un mot la haine est souffrance et que l'amour est joie;

Espérer enfin, parce que la vie future est au moins probable selon la science, certaine suivant la justice.

Croyons, aimons, espérons!

FIN.

Gap, Imp. Jean et fils

www.ingramcontent.com/pod-product-compliance
Ingram Content Group UK Ltd.
Pitfield, Milton Keynes, MK11 3LW, UK
UKHW012010240726
13965UKWH00001B/285